# Diário de obra: gestão de projetos, licitações e prática profissional

# Diário de obra: gestão de projetos, licitações e prática profissional

Fábio Müller Guerrini

Marcel Andreotti Musetti

Luiz Philippsen Jr.

ISBN: 978-85-352-9298-5

ISBN (versão digital): 978-85-352-9299-2

**Copidesque:** Silvia Lima

**Revisão tipográfica:** Augusto Coutinho

**Editoração Eletrônica:** Thomson Digital

Elsevier Editora Ltda.
Conhecimento sem Fronteiras

Rua da Assembléia, n° 100 – 6° andar
20011-904 – Centro – Rio de Janeiro – RJ

Av. Doutor Chucri Zaidan, n° 296 – 23° andar
04583-110 – Broklin Novo – São Paulo – SP

Serviço de Atendimento ao Cliente
0800 026 53 40
atendimento1@elsevier.com

Consulte nosso catálogo completo, os últimos lançamentos e os serviços exclusivos no site www.elsevier.com.br

**NOTA**

Muito zelo e técnica foram empregados na edição desta obra. No entanto, podem ocorrer erros de digitação, impressão ou dúvida conceitual. Em qualquer das hipóteses, solicitamos a comunicação ao nosso serviço de Atendimento ao Cliente para que possamos esclarecer ou encaminhar a questão.

Para todos os efeitos legais, a Editora, os autores, os editores ou colaboradores relacionados a esta obra não assumem responsabilidade por qualquer dano/ou prejuízo causado a pessoas ou propriedades envolvendo responsabilidade pelo produto, negligência ou outros, ou advindos de qualquer uso ou aplicação de quaisquer métodos, produtos, instruções ou ideias contidos no conteúdo aqui publicado.

**A Editora**

**CIP-BRASIL. CATALOGAÇÃO NA PUBLICAÇÃO**
**SINDICATO NACIONAL DOS EDITORES DE LIVROS, RJ**

G966d
Guerrini, Fábio Müller
Diário de obra : gestão de projetos, licitações e prática profissional / Fábio Müller Guerrini, Marcel Andreotti Musetti, Luiz Philippsen Jr.. - 1. ed. - Rio de Janeiro : Elsevier, 2019.

Inclui bibliografia
ISBN 978-85-352-9298-5

1. Construção civil - Administração. 2. Construção civil - Planejamento. 3. Administração de projetos. I. Musetti, Marcel Andreotti. II. Philippsen Jr., Luiz. III. Título.

19-57118 CDD: 690
CDU: 69.0

Meri Gleice Rodrigues de Souza - Bibliotecária CRB-7/6439
20/05/2019 22/05/2019

# Os Autores

**Fábio Müller Guerrini**

Professor Associado do Departamento de Engenharia de Produção da EESC-USP. Desenvolve pesquisas sobre consórcios na construção civil. Ministra a disciplina Princípios de gestão de projetos aplicados à construção civil.

**Marcel Andreotti Musetti**

Professor Doutor do Departamento de Engenharia de Produção da EESC-USP. Desenvolve pesquisas na área de logística integrada. Ministra a disciplina Princípios de gestão de projetos aplicados à construção civil.

**Luiz Philippsen Jr.**

Professor Adjunto da área de Tecnologia da Faculdade de Arquitetura e Urbanismo da UFAL. Desenvolve pesquisas sobre a identificação dos fatores críticos de atraso em obras públicas.

# Apresentação

Este livro aborda os princípios de gestão de projetos aplicados à construção civil e aspectos da prática profissional relacionados com licitações e orçamentação. O objetivo é capacitar o aluno a compreender os princípios de gestão de projetos no contexto da construção civil, bem como propiciar o aprendizado de questões da prática profissional.

Como professores de disciplinas da temática de gerenciamento na construção civil para alunos do último ano dos cursos de Engenharia Civil e Arquitetura e Urbanismo, e ao longo dos últimos anos ministrando esse tipo de disciplina, percebemos a carência de uma abordagem que não só fizesse referência às bases conceituais das áreas envolvidas, mas, ao mesmo tempo, estivesse conectada com a realidade profissional na construção civil. Destaca-se também a influência do processo de licitação e orçamentação na gestão de projetos no setor da construção civil e, em especial, no setor público.

Os casos ilustram como aspectos relacionados com desapropriação de áreas, estudos preliminares de implantação e aditivos em obras públicas, são causados pela ausência de um processo eficaz de integração do projeto, definição de escopo e precedências de atividades.

Dessa forma, os conteúdos apresentados são baseados em textos curtos que fazem a ponte entre os conceitos e obras que nos últimos anos estiveram presentes na mídia escrita. São textos que encerram em si um assunto, mas cuja leitura sequencial cria arcos conceituais sobre cada um dos temas abordados.

Os textos são divididos em seis capítulos da seguinte maneira:

**Capítulo 1. Definições Preliminares:** apresenta uma breve caracterização da obra como um sistema de produção, os mecanismos de coordenação na construção civil e a caracterização dos perfis gerenciais, projeto enquanto empreendimento, conceito e evolução de gerenciamento de projetos, ciclo de vida de projetos e sucesso de projetos. Também explana sobre processos e áreas do conhecimento da Gestão de Projetos: gestão de projetos *versus* gestão de processos; áreas de conhecimento *versus* processos da gestão de projetos; e integração de projetos.

**Capítulo 2. Integração e Escopo:** apresenta as definições dos processos de integração e escopo do projeto; termo de abertura do projeto; gerenciamento do escopo do projeto; gerenciamento do escopo do produto; declaração do escopo do projeto; e articulações das ações de gestão na construção civil.

**Capítulo 3. Estrutura Analítica do Projeto:** apresenta as definições da Estrutura Analítica do Projeto (EAP); saídas do detalhamento de escopo; objetivos e componentes da EAP; representação da EAP; e exemplos.

**Capítulo 4. Redes e Programação:** apresenta as atividades decorrentes da decomposição da estrutura analítica do projeto, precedências, problemas de precedência, rede americana, rede francesa e montagem de redes. Sobre a programação, apresenta definições, estimativas de tempo e durações, datas, folgas e gráfico de Gantt.

**Capítulo 5. Recursos:** apresenta as definições de recursos, problemas típicos, representação, balanceamento de recursos; o processo de compras na construção civil; e os mecanismos de coordenação de recursos.

**Capítulo 6. Licitação e Orçamento:** apresenta legislações e formas de contratação na construção civil, modalidades de licitação, edital de licitação, minuta de contrato, memorial descritivo e formação de consórcios na construção civil. Contém as definições de orçamentos e orçamentação, bem como as técnicas orçamentárias, requisitos básicos e composição de um orçamento; e mostra como elaborar um cronograma físico-financeiro e emissão de ART/RRT.

Conforme necessário, os capítulos referentes ao gerenciamento de projetos apresentam exemplos didáticos com a aplicação de técnicas de diagramação, de planejamento, de programação, de representação gráfica e outras.

Os artigos publicados em jornais de grande circulação foram o ponto de partida para a abordagem contextualizada dos conceitos relativos ao gerenciamento de projetos, licitações e orçamentação. Como o público-alvo prioritário desta obra são estudantes em seu último ano de graduação, pensamos em dividi-la em textos curtos com a seguinte motivação:

**Você está prestes a se formar e pretende entrar no mercado de trabalho da construção civil? Aproveite esta oportunidade para se capacitar ainda mais por meio de leituras diárias, mesclando teoria (construção civil e gerenciamento de projetos) e prática (discussão de casos reais).**

Ao levantarmos essa questão, o título *Diário de obra* define a forma como o conteúdo é apresentado: cada texto é referente a 1 dos 100 dias que faltam para o aluno se formar.

O livro foi escrito por três autores de formações distintas: um engenheiro civil, um engenheiro de produção e um arquiteto; e o seu conteúdo procura transmitir ao leitor a sensação de uma abordagem com diferentes pontos de vista profissionais.

Boa leitura!

# Sumário

**Capítulo 1 – Definições Preliminares** 1

1. A Obra como Sistema de Produção 2
2. Dinâmica e Mecanismos de Coordenação 3
3. Perfis Gerenciais na Construção Civil 4
4. Arte – Técnica/Desenho – Projeto – Obra 6
5. A Arte e a Técnica das Edificações 8
6. Caso: Basílica da Sagrada Família 10
7. Manifesto 10
8. Projeto do Produto na Construção Civil 12
9. Características do Projeto do Produto 13
10. Caso: Unidade de habitação – Marselha, França 15
11. Caso: O estagiário de Le Corbusier 16
12. Caso: Você ainda não viu nada – Apple Park 19
13. Caso: Masdar City 20
14. O Projeto no Contexto da Arquitetura, Engenharia, Construção e Operação (AECO) 21
15. Projeto = Empreendimento 23
16. Gerenciamento de Projetos 24
17. Ciclo de Vida de Projetos 26
18. Caso: Projetos apressados, soluções lentas 28
19. Sucesso de Projeto 29
20. Caso: Quando há projeto e não há gerenciamento 31
21. Caso: Sirius – um projeto ousado 33

**Capítulo 2 – Integração e Escopo** 37

22. Integração de Projeto 38
23. Caso: Novo Teatro Cultura Artística 40

24. Caso: Falta de consenso na integração do projeto do VLT 41
25. Caso: Falta de planejamento = falta de integração do projeto 43
26. Caso: Transposição do Rio São Francisco 45
27. *Checklist* de Termo de Abertura do Projeto 46
28. Escopo do Projeto 47
29. Escopo do Produto 49
30. Declaração do Escopo do Projeto 50
31. Caso: Escopo do projeto é levado por ondas fortes 52
32. Caso: Escopo do produto é esquecido na água doce 54
33. *Checklist* de Declaração de Escopo 55
34. Saídas do Detalhamento do Escopo 57

**Capítulo 3 – Estrutura Analítica do Projeto 61**

35. Estrutura Analítica do Projeto (EAP) 62
36. Componentes da EAP 63
37. Representação da EAP 64
38. Caso: Ponte estaiada Octávio Frias de Oliveira 66
Exemplo 66
39. Caso: Expresso Tiradentes 68
40. Caso: Base Comandante Ferraz, na Antártida 70

**Capítulo 4 – Redes e Programação 75**

41. Redes: Precedências Diretas 77
Exemplo 78
42. Montagem de Redes: Rede Francesa 78
Exemplo 79
43. Montagem de Redes: Rede Americana 80
Evento atingido e início de uma atividade 81
Eventos origem e objetivo 81
Atividade fictícia 81
Circuito 83
Exemplo 83
Exercício 84
44. Caso: Problemas de precedência – linha amarela do metrô 85

45. Estimativa de Tempo/Durações 86
46. Programação de Atividades 88
Exemplo 89
Exercício 91
47. Caso: 5 mil obras públicas paradas 92
48. Precedências: Eis a Questão 93
49. Datas 95
50. Caso: Inauguração do túnel de São Gotardo 98
51. Folgas 99
Formulação matemática 100
Exemplo 101
52. Caso: Atraso na entrega do velódromo 103
53. Gráfico PERT-CPM 103
Exemplo 105
54. A Lei de Murphy Aplicada à Gestão de Projetos 106
55. Caso: Transnordestina – como atrasar um cronograma 108
56. Caso: 130 rodovias federais 110
57. Caso: Atraso na extensão da linha 9 da CPTM 112
58. Quanto Custa o Atraso do Trecho Norte do Rodoanel? 114

**Capítulo 5 – Recursos** **117**
59. Programação de Recursos 118
60. Problemas Típicos de Recursos 119
Nivelamento de recursos 120
Limitação de recursos 120
Exemplo 121
Solução para as datas que apresentaram superalocação 123
Aplicação do procedimento 123
Aplicação do procedimento 125
Exercícios 129
61. Reprogramação de Recursos 130
1 Usei além da folga total? 130
2 Zerei a folga total? 131

3 Usei além da folga livre? 131
Exercícios 132
62. PERT-CPM com Custos 133
63. A Única Certeza do Planejamento é que Ele Não Ocorrerá Como Foi Concebido 134
64. Procedimento de Aceleramento Racional 135
Exemplo 137
Interação 2 141
Interação 3 142
Interação 4 143
65. Índice de Estado ou Índice de Situação 145
66. Controle e Monitoramento: Valor do Trabalho Agregado 146
Considerações quanto aos prazos 148
67. Controle e Monitoramento: Índices de Desempenho 149
Exemplo 150
68. Risco na Gestão de Projetos 153
69. Análise e Posicionamentos em Relação aos Riscos 154
70. *Checklist* de Gestão de Projetos 156
71. Novas Possibilidades de Gestão de Projetos: O BIM 158
71. Fronteiras da Gestão de Projetos na Construção Civil 159

**Capítulo 6 – Licitação e Orçamentos 165**
73. O Que a Administração Pública Pode Fazer? 166
74. Risco Moral ou Seleção Adversa? 167
75. Modalidades de Licitação 169
76. Regimes de Execução e Gerenciamento 172
77. Parcelamento e Fracionamento de Obras Públicas 174
78. Edital de Licitação de Obras Públicas 175
79. Fases e Etapas do Processo de Licitação 177
80. Minuta de Contrato 180
81. Memorial Descritivo 182
82. Atuação do TCU em Obras Públicas 183
83. Caso: Problemas pan-olímpicos 186
84. Requisitos Mínimos para Publicar o Edital 186

85. Projeto Básico e Projeto Executivo Não São Acessórios 187
86. Motivos para Interromper o Processo de Licitação 188
87. O Jogo de Planilha em Licitações 190
88. Contratos de Execução 194
89. Crimes e Penas Previstas na Lei 8.666/93 196
90. Regime Diferenciado de Contratações Públicas: Eventos Esportivos 198
91. Regime Diferenciado de Contratações Públicas (RDC): Síntese e Complemento 200
92. Situações de Dispensa de Licitação 201
93. O Risco de Licitações Fajutas 203
94. Caso: Questões Jurídicas e Políticas Causam Atraso em Obra 204
95. Síntese dos Aspectos Legais da Arquitetura e Engenharia e a Lei de Licitações e Contratos 205
96. O BIM na Administração Pública 207
97. O Que é um Orçamento? 208
98. Como Elaborar um Orçamento 212
99. Como Elaborar um Cronograma Físico-Financeiro 216
100. Emissão da ART e do RRT 218
Emissão da ART 218
Emissão do RRT 219

# Capítulo 1

# DEFINIÇÕES PRELIMINARES

## Resumo

O que é projeto? O que é gerenciamento de projetos? A gestão de projetos pode ter diferentes significados dependendo do contexto. Serão apresentadas as principais definições de gestão de projetos no contexto da construção civil, os diferentes perfis de profissionais, as fases de uma obra e respectivos critérios de desempenho, além de definições gerais de projetos e gerenciamento de projetos, áreas de conhecimento e ciclo de vida de um projeto.

## Objetivos instrucionais

Apresentar a proposta do livro os principais conceitos relacionados com o projeto do produto e o gerenciamento de projetos aplicados à construção civil.

## Objetivos de aprendizado

Após a leitura deste capítulo espera-se que o leitor seja capaz de:

* Entender as atribuições e aptidões de diferentes perfis de profissionais na área de gerenciamento de projetos.
* Compreender as fases de uma obra e critérios de desempenho.
* Compreender as definições de projeto e gerenciamento de projetos, as áreas de conhecimento e o ciclo de vida de um projeto.
* Compreender os requisitos do projeto do produto.
* Compreender os diferentes processos construtivos na construção civil.

## 1. A Obra como Sistema de Produção

O objetivo dos sistemas de produção é equilibrar e definir as prioridades na utilização de recursos. Os sistemas de produção são classificados, em termos gerais, como sistemas para estoque, característicos de produtos altamente padronizados; e sistemas por encomenda, característicos de produtos personalizados.

As obras de construção civil são sistemas de produção por encomenda, cujas operações somente são iniciadas após o pedido do cliente. Como sistema por encomenda, o grau de influência do cliente é maior nas etapas iniciais do produto, na definição de suas características que antecede a fase de projeto e é inversamente proporcional ao grau de eficiência de utilização de recursos.

Há três sistemas de produção por encomenda: fabricado por encomenda (*make to order* – MTO), cujo projeto do produto já existe, mas depende do pedido do cliente; projeto por encomenda (*engineering to order* – ETO), no qual tudo é feito por encomenda, pois os custos de cada item são altos em função da especificidade do produto; e uma derivação do ETO, que é o sistema de grande projeto, característico de obras de arte de construção civil, como barragens, por exemplo, cuja quantidade de recursos envolvidos depende da reunião de várias empresas com competências complementares e condições financeiras conjuntas para a realização da obra.

A obra de construção civil pode ser vista como uma montagem (a despeito de haver diversas operações de moldagem) e classificada a partir de diferentes critérios, muitos deles decorrentes do porte e tipo da obra (IBGE, ABNT e Fundação João Pinheiro, por exemplo).

A Fundação João Pinheiro classifica as obras como edificações, construção pesada e montagem industrial. As obras de edificações são sistemas MTO, enquanto conjunto habitacional, pois o projeto das residências é padronizado, é o mesmo para todos os usuários. Neste caso, o próprio governo é o cliente, aquele que encomenda a obra (portanto, na intenção de realizar o empreendimento), e o usuário é o cliente final, pois passará a ser morador da residência.

Entretanto, uma edificação comercial, de instituição e industrial possui um sistema ETO, uma vez que o projeto será desenvolvido especialmente para aquela obra. As obras de montagem industrial, relativas à montagem de estrutura para a instalação de empresa industrial, sistema de geração, transmissão e distribuição de energia elétrica, sistema de telecomunicações e sistemas de exploração de recursos naturais, podem ser caracterizadas como sistemas ETO enquanto envolvem uma única empresa, mas como um Sistema de Grande Projeto ao envolver várias empresas. As obras de construção pesada, relativas a infraestrutura viária, urbana e industrial, obras de arte como barragens, usinas atômicas, podem ser caracterizadas por sistemas de grande projeto, em função do vulto da obra.

No caso de obras de edificações, as relações de mercado baseiam-se na relação cliente-fornecedor, característica de cadeias de suprimentos. O processo construtivo, muitas vezes, depende de serviços especializados, que são contratados conforme a necessidade, como, por exemplo, colocação de laminados como piso, assentamento de portas e janelas.

Especificamente no caso de sistemas de grande projeto para permitir a associação de empresas com competências e recursos complementares para o projeto e execução de obras do tipo *turn key* (projeto, construção e operação), há o consórcio, em função da alta especificidade de ativos e incerteza do mercado. O consórcio tem um objeto limitado e determinado, na execução de um determinado empreendimento e as empresas que o constituem não assumem responsabilidade solidária, cada consorte responde somente pelas suas obrigações.

## 2. Dinâmica e Mecanismos de Coordenação

As atividades de empresas no setor da construção civil caracterizam-se pelos diferentes espaços de realização das atividades. Na empresa, as atividades realizadas não possuem compromisso imediato com qualquer empreendimento. Estão relacionadas com sistemas, profissionais, procedimentos e acervos.

No empreendimento, as atividades são "disparadas", com objetivos gerados a partir de contratos em andamento dentro da empresa. É o espaço para elaboração de projetos, definição das especificações técnicas e do gerenciamento, por exemplo. A coordenação de recursos na construção civil não é realizada somente através de uma estrutura organizacional, como nas empresas de produção em massa. Há pelo menos quatro mecanismos diferentes para viabilizar a dinâmica do setor que estão relacionados com a especificidade de ativos e a complexidade de produtos: estrutura organizacional, industrialização das construções, relação cliente-fornecedor e consórcios.

A estrutura organizacional é o total de meios utilizados para dividir o trabalho em tarefas e de meios para assegurar a necessária coordenação entre tarefas (MINTZBERG, 2010). A empresa de construção civil em si possui uma estrutura hierárquica relacionada com as funções contábeis, técnicas, comerciais, de segurança, financeiras e administrativas, mas a dinâmica de gerenciamento da obra em si está relacionada com a especificidade de ativos e a complexidade de coordenação. Nas obras de construção civil, identificam-se estruturas organizacionais matriciais, nas quais há uma dupla vinculação de subordinação relativa ao processo de produção e ao gerenciamento do contrato.

Quando há um aumento da complexidade do produto, é possível identificar o processo de industrialização das construções, no qual as atividades de coordenação são preponderantes, pois a empresa tem que coordenar as atividades da empresa produtora das peças, que, em muitos casos, é responsável pela montagem da obra no canteiro.

Em uma situação na qual a complexidade de coordenação ainda se mantiver no nível médio, mas o grau de especificidade de ativos aumentar, as organizações passam a depender de interações interorganizacionais baseadas em relação de mercado de cliente-fornecedor. O processo construtivo, muitas vezes, depende de serviços especializados, que são contratados conforme a necessidade, como, por exemplo, colocação de laminados como piso, assentamento de portas e janelas.

Em obras de edificações baseadas em construção industrializada, o relacionamento entre a empresa de construção civil e o fabricante é muito estreito, uma vez que o sistema construtivo prevê a modularização da construção e o processo produtivo no canteiro de obras assemelha-se a uma montagem, em que o fornecedor é muitas vezes responsável pelas atividades de montagem no canteiro de obras. A complexidade de coordenação neste caso é alta e a produção dos elementos construtivos é feita fora da obra.

Em situações nas quais há grande especificidade de ativos e alto grau de coordenação, há a formação de consórcios, constituídos por empresas com competências complementares para a realização de uma obra. O consórcio ocorre quando as empresas não têm condições técnicas e financeiras de realizar determinada obra individualmente.

Em obras pesadas, a complexidade tecnológica não possibilita que uma única empresa execute a obra. É necessária a constituição de consórcio. As empresas devem demonstrar capacidade financeira para cobrir eventualidades que ocorram, devem dispor dos equipamentos e possuir competência técnica para a execução da obra, comprovada por meio do currículo, no qual a empresa indique a execução de obras de mesma natureza.

## 3. Perfis Gerenciais na Construção Civil

A palavra "coordenar" (co + ordenar) significa ordenar conjuntamente, por ordem, simultaneamente, em tarefas, cargos, departamentos, próprio da visão burocrática/sistêmica. O administrador é o elemento que articula essa coordenação, lidera e motiva as pessoas em direção a um determinado objetivo (GUERRINI, ESCRIVÃO FILHO & ROSIM, 2016). Observa-se atualmente, uma grande diversidade de perfis profissionais relacionados com o gerenciamento na construção civil exigidos pelas empresas, mas cuja formação do profissional se dá na prática profissional.

O gerente de planejamento é responsável por programar detalhadamente e com antecedência, ações, recursos, métodos e meios necessários para a realização do empreendimento; controlar o andamento da execução da obra, aferindo periodicamente seus resultados físicos e econômicos para, se necessário, revisar o planejamento prévio. Deve possuir domínio de técnicas e softwares de planejamento, noções da dinâmica de funcionamento de setores da empresa com os quais o profissional interage — obras, suprimentos e financeiro, por exemplo (FARIA, 2009).

O gestor de contratos analisa as especificações de cada projeto; controla projeto e contratos; faz análise crítica dos orçamentos; identifica necessidade de recursos, de alternativas de fornecedores; monitora as atividades de produção das obras, mantém a produtividade, motiva as pessoas; gerencia as atividades administrativas das obras; gerencia contratos de empresas contratadas. Deve possuir conhecimentos em rotina e processos de obra, contabilidade, matemática financeira, legislação vigente, além de liderança, capacidade de relacionamento, trabalho em equipe, flexibilidade (TAMAKI, 2010).

O coordenador de obras promove a colaboração na concepção do empreendimento, supervisão do cumprimento do cronograma e do orçamento, orientação às equipes de engenharia residentes nas obras, negociação com fornecedores. Deve possuir conhecimentos em planejamento e gestão, liderança, comunicação, bom relacionamento interpessoal e desenvoltura para trabalhar em equipe. Atua como o interlocutor entre o canteiro e o escritório (FARIA, 2008).

O coordenador de projetos coordena, planeja e define modo e tempo do processo de projeto, avalia custos, monta cronogramas, gera informações e conhece sistemas, tecnologias e seus desempenhos. Deve possuir uma visão geral do processo de projeto, conhecimento técnico de suas várias interfaces, planejamento de acordo com capacidades de compreensão e realização dos colaboradores, bom entendimento com equipes (GEROLLA, 2012).

O coordenador de suprimentos é responsável pelo atendimento da ordem de compra, dimensionamento e análise do pedido de compra, controle do recebimento, uso, armazenamento e realocação do material na obra, supervisão dos almoxarifes de obras, da logística de transportes, dos fretes ativos e do estoque, cotação dos materiais, seleção dos fornecedores e dos materiais a serem adquiridos; negociação de preço, prazos. O seu conhecimento está baseado na vivência em canteiro de obras para fazer propostas técnicas, lidar com pessoas, elaborar orçamentos e contratos, além de estar informado sobre o mercado e ter um bom relacionamento inclusive com os pequenos fornecedores (ROCHA, 2011).

## 4. Arte – Técnica/Desenho – Projeto – Obra

Há uma discussão presente na interação entre arte e técnica; desenho, projeto e obra, que de certa forma estabelece as fronteiras entre a concepção e a construção. Em certa medida, é uma discussão que estabelece alguns marcos de referência que permitem compreender como se materializa a concepção de um projeto em obra realizada.

Para que o leitor tenha a oportunidade de refletir sobre esses aspectos, apresentam-se alguns excertos de uma arguição de Milton Vargas a Vilanova Artigas, feita durante a sua banca para professor titular na Faculdade de Arquitetura e Urbanismo da Universidade de São Paulo (FAU/USP). Optou-se pela reprodução literal da transcrição da arguição, apresentada no livro *Caminhos da arquitetura*. É importante destacar o referencial histórico presente na argumentação de Milton Vargas e Vilanova Artigas.

### Milton vargas

No artigo O desenho (de autoria de Vilanova Artigas) pode-se discutir dois pares de conceitos: "arte" e "técnica"; e "desenho" e "obra". "Técnica" e "arte" são a mesma palavra, na tradução latina de techné, e a separação "técnica" e "arte" não existe em latim e em grego. No artigo O desenho, techné está como arte e técnica. A separação entre "técnica" e "arte" ocorre no Renascimento, ou antes, na Baixa Idade Média, com a necessidade de dividir técnicas e artes mecânicas e as belas-artes.

A diferenciação ocorre, em um primeiro momento, na Grécia, com o surgimento da teoria (epistemo-herética), que deve ter tido profundo impacto sobre a noção de techné na Grécia. Em um segundo momento, no Renascimento, surge a crença de que tudo o que é construído deve seguir princípios científicos.

Quando se lê os Diálogos sobre os dois máximos sistemas do mundo, de Galileu Galilei, o último diálogo faz referência a inspiração nos arsenais de

Veneza. Isso seria a introdução do pensamento científico no trabalho do artesão, baseado na crença de que o arsenal de Veneza devia construir navios de acordo com a mecânica racional.

## Vilanova artigas

De acordo com Vernhagen, a palavra "design" entrou no Brasil no século XVII, como "projeto". Dom João VI escrevia para os patriotas de Pernambuco: "... para vencer o inimigo era preciso compreender qual era o desenho. Que projeto tem? Quais são os desenhos do inimigo?" O dicionário da língua portuguesa do padre Bluteau do século XVII já concebia os dois sentidos da palavra "desenho": como "desenho" enquanto reprodução natural — "tirar do natural"; como "projeto".

Em 1972, em uma conferência em Zurique, no meio das discussões surgiu a questão de tradução da palavra "design". No relatório final consta essa contribuição do sentido da palavra "design" como "projeto", já como parte do significado da palavra em português. A relação entre arte e técnica poderia ser conciliada com a ideia de projeto, de "design", de desenho.

No Renascimento o arquiteto Brunelleschi, que revolucionou o desenho de construção afirma o desenho como desenho, e desenho como construção, como projeto. Brunelleschi faz pela primeira vez o projeto estrutural de uma capela, abandonando as contribuições individuais que vinham da Idade Média, das corporações, em que cada uma delas sabia fazer alguma coisa e, no fim, o edifício era o resultado de contribuições individuais. Ele fez a síntese ou a simbiose entre arte e técnica distribuída para as corporações, e sintetiza com o projeto esse conhecimento.

Vale comparar isso com o pensamento de Galileu, em seu diálogo sobre as duas novas ciências, que marcaram inclusive a origem da estabilidade das construções. Lobo Carneiro escreveu que se o conhecimento de Galileu fosse aplicado para construir, para determinar as dimensões de uma viga, provavelmente ela não cairia. "A necessidade de sentir como a técnica contribui e pode ser pensada artisticamente."

## 5. A Arte e a Técnica das Edificações

As relações entre arte e técnica e as lógicas que as ordenam — inclusive suas escalas de valor entre qualidade e quantidade — sempre estiveram presentes na sociedade, da Grécia antiga ao Renascimento, aprofundando-se na Era Industrial.

Vitrúvio, arquiteto-engenheiro romano, estabeleceu em seu tratado, datado do século I a.C., a interdependência de fatores técnicos (ordenamento, disposição, simetria, economia) e artísticos (beleza, eurritmia, harmonia) ao exercício profissional. A edificação para cumprir sua finalidade, segundo Vitrúvio, deveria contemplar três aspectos fundamentais: durabilidade, conveniência e beleza (do original *firmitas, utilitas* e *venustas*).

Portanto, na concepção Vitruviana a arte e a técnica se fundem quando a edificação possui estabilidade, resistência e durabilidade necessária no uso dos materiais (*firmitas*), atende às necessidades de espaço e uso (*utilitas*) e percebe-se beleza em sua forma (*venustas*).

A importância do tratado de Vitrúvio transcendeu seu tempo, influenciando diretamente os caminhos das profissões de arquitetura e engenharia nos séculos seguintes. Leonardo da Vinci, no século XV, apresenta "O homem Vitruviano", desenvolvido a partir dos estudos de Vitrúvio sobre as relações do corpo humano com os espaços construídos.

No início do século XX o arquiteto Le Corbusier discute as ligações entre o universo mecânico (fortemente influenciado pela Era Industrial) e o da arte, ampliando o campo de reflexão para as edificações. Nesta junção surge a casa Dom-ino (em referência às primeiras letras da palavra *dommus*, casa, e *innovatio*, inovação), em parceria com o engenheiro Max du Bois, apresentada em 1914. Essa alternativa construtiva, apresentada na Figura 1.1, permitia a repetição em série, ao mesmo tempo que ampliava as possibilidades de concepção das fachadas e configurações das plantas das edificações a partir da independência estrutural dos elementos de vedação — atendendo aos aspectos de durabilidade, conveniência e beleza.

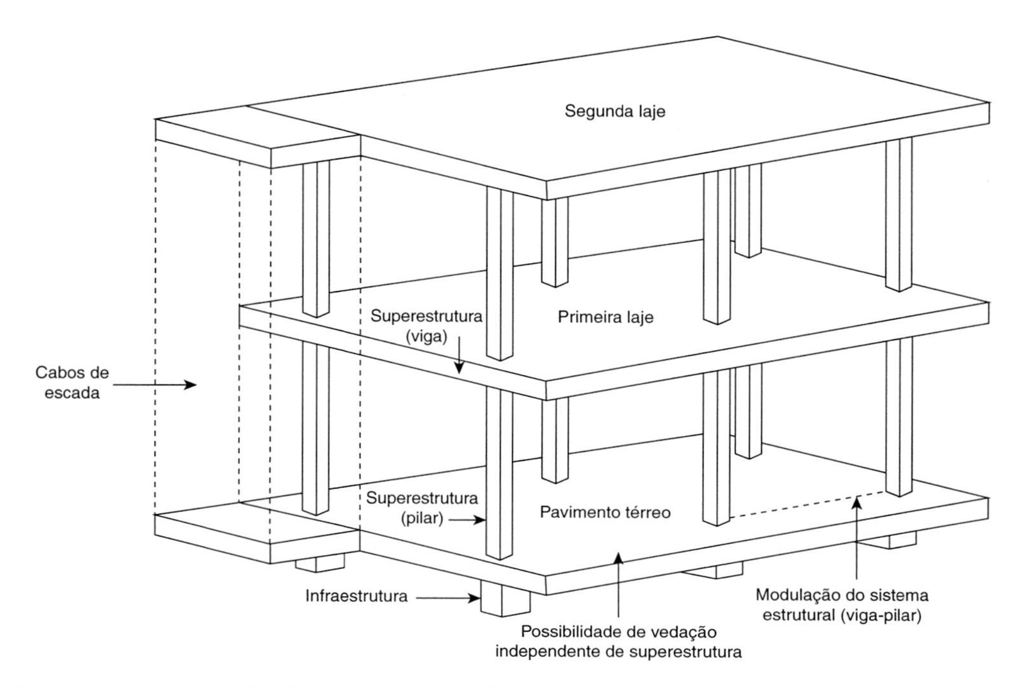


**Figura 1.1:** Concepção da casa Dom-ino, de Le Corbusier e Max du Bois.

## 6. Caso: Basílica da Sagrada Família

Mesmo ainda não concluída, a Basílica da Sagrada Família é um dos pontos turísticos mais visitados de Barcelona. A obra teve início em 1882. No ano seguinte, assume como responsável pelo desenvolvimento dos projetos e execução da obra o arquiteto Antoni Gaudí, que permanece como responsável até sua morte, em 1926. Diversas gerações de arquitetos e engenheiros assumiram as obras ao longo de mais de um século de execução, tendo como referência a concepção original e projetos de Gaudí.

A genialidade das formas arquitetônicas da Sagrada Família pode encobrir a importância da investigação estrutural realizada por Gaudí, na qual as formas geométricas se adaptam a uma distribuição melhor e mais racional dos esforços estruturais. Ao mesmo tempo, a singularidade das formas liga-se a processos de pré-fabricação de peças, na busca por maior economia, especialmente em elementos decorativos e de revestimento.

A Sagrada Família sintetiza a própria evolução dos materiais e processos na construção civil. Os primeiros anos da obra são caracterizados pelo uso da pedra, tanto como elemento estrutural quanto de vedação. O fim do século XIX marcou a introdução do concreto e, posteriormente, do concreto armado na construção civil, sendo incorporado na execução da Sagrada Família a partir de 1915. Este período foi marcado por um menor ritmo de execução das obras decorrentes de restrições orçamentárias, agravadas pela Primeira Guerra Mundial e posteriormente pela Guerra Civil Espanhola. Com isso houve um maior foco e dedicação ao projeto da Basílica, antes concorrente com a própria execução das obras. Como resultado, os apoios envolvidos foram revistos adotando-se estruturas hiperestáticas (2 e 3 graus de hiperestaticidade), por exemplo.

Contemporaneamente, a evolução da capacidade de resistência do concreto armado permitiu a manutenção das seções dos pilares previstas na concepção original do projeto de Gaudí — inclusive para as torres mais altas — com valores de fck = 80 MPa. Além das evoluções relacionadas com os materiais, as inovações do processo foram incorporadas, como por exemplo, a modelagem paramétrica de projetos, permitindo redução de prazos e custos a partir da antecipação da verificação e correção de aspectos técnicos relativos à forma e sistema estrutural.

## 7. Manifesto

Em 1911, o jovem Charles-Edouard Jeanneret, desenhista de um ateliê em Berlim, juntamente com um amigo, decidiu empreender uma viagem de bicicleta pelo Oriente de Dresden a Constantinopla e de Atenas a Pompeia, com o intuito de conhecer a região que contribuiria para a sua formação da concepção de arquitetura. Nessa viagem de seis meses, ele fez anotações em um caderno a respeito de suas impressões sobre a arquitetura e desenhos que captam as formas, as luzes e acabam por apurar o olhar crítico sobre a forma de viver e de morar. Mais tarde, ele viria a ser conhecido como Le Corbusier e mudaria para sempre o panorama da arquitetura. O que mais chama a sua atenção é a arquitetura de Istambul. As construções possuem uma intenção clara, na qual a forma segue a função.

Em 1923, Le Corbusier publicou um livro chamado *Por uma arquitetura*, que reunia uma série de artigos escritos entre 1920 e 1921 para a revista *l'Esprit Nouveau*. O livro aborda inicialmente a estética do engenheiro e a sua relação com a arquitetura, que atinge a harmonia enquanto o arquiteto "ordenando formas" realiza a criação com vistas a beleza. Sugere alguns lembretes aos arquitetos: o volume, a superfície e a planta.

O volume para o arquiteto tem significado enquanto forma vista sob a luz, e não há forma simples realizada pelos arquitetos. Os engenheiros utilizam formas geométricas, em função do cálculo no qual suas obras estão no caminho da grande arte. A superfície envolve o volume. É dividida por diretrizes e geratrizes do volume, "marcando a individualidade desse volume", afirmando que "o arquiteto ... tem medo dos constituintes geométricos das superfícies". Os engenheiros criam "fatos plásticos límpidos e impressionantes" a partir do emprego das geratrizes e as linhas reveladoras das formas. A planta é uma exigência da vida moderna para evitar a desordem e o arbitrário.

Le Corbusier traça um paralelo entre a engenharia e a arquitetura, a partir de transatlânticos, aviões e carros, ao abordar a proposta estética desses meios de locomoção, para os quais a proporção, os volumes, e a falta de adornos desnecessários colaboram para ordenar a sua utilização. No transatlântico Aquitânia, observa "uma parede toda em janelas, uma sala plena em claridade, ...., o valor de longo corredor, ... a bela ordenação de elementos construtivos, sadiamente expostos e reunido com unidade".

O avião é visto como uma "máquina de voar":

> Enquanto o problema se colocava no desejo do homem de voar como se fosse um pássaro, não obteve êxito; somente quando se pensou em uma máquina de voar e buscou-se "um plano sustentador e uma propulsão, é que o problema foi corretamente abordado. Dessa forma advoga que as casas também têm que se desvencilhar de problema inicialmente formulado, e serem abordadas como "máquinas de morar", buscando a funcionalidade das formas, a luz e amplos espaços livres.

Na comparação com o automóvel, Le Corbusier valoriza a definição de padrões, onde "o Parthenon é um produto de seleção aplicado a um padrão estabelecido". A precisão com que os componentes do carro eram projetados e executados devia encontrar paralelo nos apartamentos:

> Se o problema da habitação do apartamento fosse estudado como um chassis, veríamos nossas casas se transformarem ... Se nossas casas fossem construídas industrialmente em série, como os chassis, veríamos surgir formas inesperadas, porém sadias, justificáveis e a estética se formularia com uma precisão surpreendente.

Portanto, as edificações para Le Corbusier devem "se livrar de adornos desnecessários, devem expressar a sua intenção com clareza, funcionalidade e racionalidade, definindo dessa forma, uma nova noção de estética na arquitetura".

## 8. Projeto do Produto na Construção Civil

A divisão do trabalho alterou a capacidade de produção e a própria concepção do trabalho. O século XVIII, e de forma mais contundente o século XIX, marcaram a prevalência da técnica sobre a arte e do progresso mecânico sobre o trabalho individual. A Revolução Industrial, a partir de 1780, e a racionalidade da arquitetura e engenharia do pós-guerra, especialmente a partir de 1920, são a síntese da Era Industrial e sua influência na construção civil. As técnicas artísticas passam a possuir um caráter de imperfeição enquanto a produção industrial, representada pela máquina, adquire o status de perfeição ("revolução dos técnicos"). Naturalmente, essa visão impactou diretamente a compreensão do que é projeto e suas aplicações.

Utilizam-se como ilustração duas imagens distintas: um viajante e um indivíduo perdido em uma floresta. O viajante, por saber que terá que efetuar um percurso, busca traçar em seu mapa um melhor itinerário para chegar a um lugar. Já aquele que se encontra perdido tem apenas um único objetivo: sair daquele local. Desta forma, tenta orientar-se na busca de uma saída por meio de certo método, levando em conta as informações disponíveis. Seu problema não é chegar em determinado lugar, mas controlar seus movimentos evitando retornar ao ponto de partida ou andar em círculos. Ao viajante o que importa é o ponto de chegada. Ao indivíduo perdido o que importa é o percurso. Portanto, no primeiro exemplo vemos o fim no projeto e no segundo vemos apenas o projeto.

Em uma segunda analogia do projeto do produto e sua importância para a construção civil utilizam-se as imagens de um busto esculpido em bronze e um elmo de um guerreiro — tal qual utilizado pela deusa mitológica Minerva, símbolo das engenharias. Ainda que a cabeça seja parte fundamental, seu valor e sua relação com o todo são diferentes ao artista, que modelou o busto, e ao artesão, que desenvolveu o elmo. Para o artista a geometria e a perspectiva contribuem para uma melhor semelhança e proporção da cabeça à realidade. Ao artesão o conhecimento das técnicas geométricas e perspectivas auxiliam na construção de algo voltado para a realidade do combate, dos choques, do ataque e da defesa. O busto está relacionado com a ideia da contemplação e o elmo à ideia da ação. Portanto, as técnicas artísticas são desenvolvidas a partir de um projeto que se materializa na ideia de contemplação, implicando imobilidade. Já as técnicas industriais utilizam o projeto, desenvolvido passo a passo, a partir da ideia de função, implicando uma ação.

As grandes obras da Era Industrial, forjadas à ferro e cimento, são a gênese do projeto ligado ao produto na construção civil. A "beleza" adquire o status da técnica e sua aderência à uma função prática. A produção do elmo parte de desenhos ou imagens que não podem ser apenas um esboço, devem possuir as informações mínimas necessárias para a entrega de um produto que cumpra sua função — no caso, proteção. Neste contexto a "beleza" liga-se à perfeição técnica e a uma função prática; a qualidade estética passa a representar a funcionalidade. Portanto, o projeto voltado ao produto.

## 9. Características do Projeto do Produto

Para a maioria dos engenheiros e arquitetos, a palavra "projeto" possui uma associação automática com o desenho: as plantas de arquitetura, estruturais e de instalações. Entretanto, se adjetivarmos o termo "projeto" com o adjunto adnominal "do produto", formula-se o conceito "projeto do produto" relativo à construção civil de uma maneira mais ampla. Martucci (1990) define que o projeto do produto da construção civil deve observar requisitos relacionados com características regionais, sistemas construtivos, racionalização e funcionalidade. Tais requisitos são dados de entrada para a elaboração dos projetos arquitetônico, estrutural e de instalações e subsidiam as informações para a elaboração de um plano de produção.

As características regionais são determinantes para definir as soluções tecnológicas de projeto com vistas para a execução. Fatores relacionados com clima, disponibilidade de matéria-prima e insumos, condições de acessibilidade de fornecedores e de equipamentos, tipo de mão de obra disponível determinam as opções relativas aos sistemas construtivos e tecnologia a ser empregada para a construção.

Vejamos duas situações extremas. Construir uma edificação no centro da cidade de São Paulo depende de um grau de organização logística e, muitas vezes, de utilização de equipamentos como gruas, com o intuito de minimizar os problemas decorrentes da limitação de espaço. O que seria completamente diferente dos condicionantes para a construção de uma edificação no meio da Floresta Amazônica, pois, na maioria das vezes, o acesso é somente por vias pluviais.

O sistema construtivo determina o processo e a técnica de produção a ser empregada. Para cada sistema construtivo, há um processo e técnica de produção específicos que demandam mão de obra qualificada. De forma geral, pode-se classificar o sistema construtivo através do seu processo de produção.

O sistema artesanal baseia-se em operações de moldagem que utilizam água no trabalho coletivo, no qual o planejamento é feito conforme o andamento da obra.

O sistema tradicional racionalizado também se baseia em operações de moldagem que utilizam água, porém há projeto de canteiro, visa a segurança no trabalho e capacitação prévia da mão de obra restrita.

No sistema pré-fabricado os sistemas construtivos são concebidos e fabricados em módulos a partir do projeto. O processo de produção é previamente definido e racionalizado, com a produção de peças em usinas e instalação de canteiro.

No sistema industrializado, os sistemas construtivos são concebidos em módulos padronizados (repetitivos e intercambiáveis) e o processo de produção é feito em série, com pré-fabricação, transporte, montagem no canteiro, trabalho especializado com sincronia de produção e simultaneidade. Há uma estreita ligação entre o sistema construtivo e a racionalização, como pode ser percebido, pois a racionalização durante a fase de projeto pode minimizar custos.

Os princípios de racionalização baseiam-se na realização da obra com a mesma sequência produtiva, redução do número de operações construtivas, simplificação dos elementos de projeto, padronização dos componentes construtivos e coordenação dimensional dos materiais. A funcionalidade considera a finalidade social do uso, as prioridades do cliente e dos usuários da construção para desenvolver soluções em termos de definição de áreas com diferentes usos e de soluções de conforto estético, térmico e acústico, e acessibilidade.

## 10. Caso: Unidade de habitação – Marselha, França

A introdução do concreto armado na construção civil, no início do século XX, possibilitou novas abordagens às edificações. O arquiteto Le Corbusier e o engenheiro Max du Bois apresentaram, em 1914, a concepção Dom-ino, que, tal qual o jogo, poderia ser montado a partir da junção de diversas peças. A concepção construtiva é colocada em prática com a encomenda do governo francês, em 1945, para execução de habitações voltadas para moradores de bairros destruídos pela Segunda Guerra Mundial em Marselha.

Em oposição à realização de um conjunto de habitações individuais surge, a partir das possibilidades do concreto armado, uma grande massa estrutural de 135,50 m de comprimento, 24,50 m de largura e 56 m de altura, com 337 apartamentos de diferentes tipologias.

Para garantir maior economicidade ao produto, o projeto previu a utilização do concreto armado não apenas como elemento estrutural, mas também como próprio acabamento final. Pilares, protetores solares (*brise-soleil*), caixa de escada e vedação externa não receberam revestimento, sendo utilizadas, ainda, partes pré-fabricadas para montagem *in loco* — processo construtivo inovador para a década de 1940. No pavimento térreo, sem fechamento lateral (pilotis), a malha estrutural dos pilares possui padrão de 8,32 m, e nos demais pavimentos (17 ao todo, sendo o 17º de uso comum), 4,19 m.

A racionalidade observada na concepção arquitetônica e estrutural também se refletiu no projeto de instalações prediais. A infraestrutura principal de elétrica, hidráulica e de esgoto está localizada horizontalmente entre a laje do pavimento térreo e o primeiro andar, e distribuída aos pavimentos superiores pelos pilares. O acesso para manutenção (a cada 4,19 m) é realizado por *shafts* com fechamento em placas pré-fabricadas e acabamento em concreto, mantendo o padrão visual monolítico dos pilares.

A concepção do produto Unidade de Habitação — marcada pela racionalidade da forma arquitetônica, estrutural e introdução do sistema pré-fabricado — foi reproduzida em outras quatro cidades europeias, sendo três na França e uma na Alemanha.

No Brasil, a influência pode ser verificada nos projetos do Edifício E1 da Escola de Engenharia de São Carlos da Universidade de São Paulo (EESC/USP) e dos edifícios residências das superquadras em Brasília (DF), ambos projetos da década de 1950, por exemplo. Contemporaneamente, os *shafts* para o sistema hidráulico de sanitários de edifícios residências verticais e os pisos elevados apoiados sobre pedestais para cabeamento estruturado e infraestrutura elétrica de edifícios corporativos atestam a importância do projeto de edificações voltado à função.

## 11. Caso: O estagiário de Le Corbusier

O Edifício E1 foi concebido para ser um marco na implantação de um campus promissor da Universidade de São Paulo, em sua gênese acadêmica, com professores que eram referências em suas respectivas áreas de atuação. Hélio Duarte e Ernest Mange conceberam o E1, a partir da influência da arquitetura de Le Corbusier. Le Corbusier, em um congresso de arquitetura internacional, participou de uma equipe que definiu os princípios modernistas para a construção de edificações. A difusão das ideias de Le Corbusier demorou a encontrar o momento e ambiente propícios. Somente após a guerra, ao ser convidado para projetar o conjunto residencial de Marselha é que ele demonstrou a aplicabilidade dos conceitos modernistas. O conjunto habitacional de Marselha abrigou cerca de 1.600 pessoas e todas as questões funcionais de utilização do espaço foram exploradas ao extremo. No último pavimento havia academia de ginástica, piscina, áreas de lazer, jardim de infância, de modo que as pessoas não apenas morassem no prédio, mas suprissem as suas primeiras necessidades de lazer.

Ernest Mange foi estagiário de Le Corbusier no projeto do conjunto habitacional de Marselha. O conceito de projeto era o de que as pessoas deveriam viver em um ambiente construído, usufruindo ao máximo do que o espaço poderia oferecer em termos de funcionalidade relacionada com as atividades a serem desempenhadas. Algum tempo depois, Le Corbusier foi convidado a projetar um pavilhão suíço para estudantes. Já era comum naquela época que os alunos residissem na Cidade Universitária. Foram definidos alguns parâmetros de projeto:

1. O prédio possui pilotis, com exceção de uma pequena parcela do térreo que poderia abrigar uma portaria de entrada. A ideia do pilotis é permitir que haja uma interação do prédio com o seu entorno, sem constituir-se em uma barreira, pois permite tanto uma permeabilidade visual quanto de percurso.
2. A estrutura do prédio é separada da alvenaria, denominada planta livre. A estrutura não interfere na divisão dos ambientes. Há liberdade para configurar o ambiente útil do prédio de acordo com as necessidades de utilização. Em função dessa ampla liberdade da planta baixa, há um reflexo na fachada, que também é livre. As janelas são dispostas "em fitas", conforme designação de Le Corbusier.
3. As lajes do prédio são planas, prevendo que na parte superior possa desfrutar-se de uma vista magnífica, e eventualmente, acomodar algumas funcionalidades.
4. A utilização de módulos na concepção do edifício, cujas medidas são múltiplos de uma unidade, a ponto de poder expressar as dimensões do prédio

em módulos de comprimento e de largura. Essa modulação disciplina o espaçamento entre colunas, os balanços, as dimensões das esquadrias.

Essa descrição de princípios caracteriza o E1. Havia a possibilidade de acessar a laje pelas escadas externas. Essas características que definem um prédio modernista, tornaram o E1 um marco na arquitetura brasileira na época. A estrutura do E1 foi pré--fabricada e montada no canteiro de obras. Há uma canaleta que atravessa o edifício longitudinalmente e as instalações descem através de *shafts* que podem ser acessados sem a necessidade de quebrar a alvenaria. Esse detalhe foi absorvido do projeto do pavilhão suíço que Ernest Mange conheceu.

O Edifício E1 da Escola de Engenharia de São Carlos da Universidade de São Paulo, projetado por Ernest Mange e Hélio Duarte, reúne diversas soluções arquitetônicas que partiram da concepção de modularização e industrialização das construções que à época eram conceitos em formação. As informações aqui apresentadas são de autoria de Nobre (2007).

De acordo com Nobre (2007), criada em 1948 e em funcionamento desde 1952, a Escola de Engenharia de São Carlos era orientada para a pesquisa científica e tecnológica da qual o E1 deveria ser a síntese. A proposta de racionalização deveria estender-se a todo o processo de produção da edificação, em suas três fases fundamentais: concepção, execução e uso. A metodologia de projeto baseou-se em diagramas para fundamentar a análise das possíveis articulações entre os espaços destinados às atividades didáticas, de pesquisa e de administração.

O projeto do E1 é um ponto de inflexão na prática projetual. O E1, por um lado, segue referido aos princípios de Le Corbusier, por outro, aponta para uma concepção de projeto mais disposta a extrair rendimento do caráter repetitivo da produção industrial. Sob esse ponto de vista, observamos no E1 o conflito entre uma concepção de fachada, ordenada e regulada por proporções harmônicas (como é o caso das fachadas claramente tendentes ao retângulo áureo), e o caráter expansivo próprio do raciocínio serial, porque, por mais que se especule pelo raciocínio modular, não se abre mão de uma ideia de totalidade, que até o perfil inclinado das vigas transversais acaba por reforçar (NOBRE, 2007).

A "estrutura em árvore", com apenas dez apoios centrais a cada 16 módulos (11,20 m) e balanços de 4,55 m, criaria condições para que a continuidade dos quase 100 m do edifício só fosse interrompida pelo núcleo de sanitários, uma escada central e um elevador — sendo todo o conjunto alinhado pela face sul, de maneira a criar uma circulação contínua que atua como filtro de proteção solar junto à fachada norte. Internamente, o arranjo espacial seria resolvido com divisões, em painéis leves, padronizados e removíveis, que deveriam servir para acomodar demandas distintas (salas de aula, gabinete de professores e ateliê de alunos) até a conclusão dos demais edifícios do campus. Do mesmo modo, a concentração de dutos em artérias verticais e horizontais permitia a realocação e remoção de instalações a qualquer tempo, sem alteração dos elementos construídos. A solução de concentrar todas as instalações numa canaleta visitável que corre junto ao eixo longitudinal do edifício e desce pelos pilares deriva do Pavilhão suíço de Le Corbusier (1930-1932) que Mange vira na França, nos anos 1940 (NOBRE, 2007).

Além disso, o raciocínio pioneiro de coordenação de todos os elementos de uma mesma obra em função de um módulo-base, que começava a ser pensado em três dimensões. No caso do E1, modulação integral significava "padronização rigorosa com vistas a um resultado flexível". Houve ênfase na iluminação e ventilação natural, oferecendo um perfeito equilíbrio em termos funcionais e ambientais (NOBRE, 2007). Aspectos apresentados na Figura 1.2.

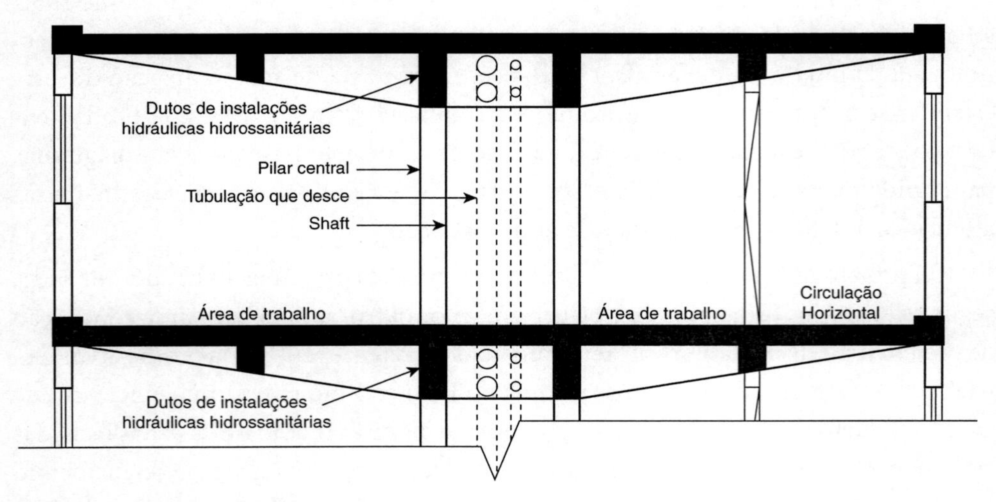


**Figura 1.2:** Síntese dos princípios do projeto do E1.

É interessante registrar que o mestrado em Industrialização das Construções, criado em 1971 na Escola de Engenharia de São Carlos, foi um dos primeiros do país. Reestruturado em 1993, passou a contar com duas áreas de concentração: Teoria e História da Arquitetura e do Urbanismo; e Arquitetura, Urbanismo e Tecnologia. Atualmente o programa está vinculado ao Instituto de Arquitetura e Urbanismo da Universidade de São Paulo (IAU/USP).

## 12. Caso: Você ainda não viu nada – Apple Park

A Apple é conhecida por lançar produtos dos quais ainda não sabemos que iremos precisar. Foi assim com o IPhone, IPad e tantos outros produtos. Mas agora, o principal lançamento de produto da Apple de 2017 é a sua nova sede em Cuppertino, no Vale do Silício, em uma área de 175 acres. Este projeto tem um significado simbólico para a Apple, pois foi o último projeto no qual Steve Jobs esteve diretamente envolvido. O prédio principal, em forma de um anel, possui teto com painéis solares que geram 17 megawatts, o seu fechamento possui a maior peça curva de vidro já fabricada. As saídas de ventilação não podem ser refletidas nos vidros e a tolerância de desvios de medidas está bem abaixo dos 3 mm convencionais (OESP, 2017).

O arquiteto German de la Torre, que participou do projeto, vê a preocupação com o *design* nos produtos da Apple, transferida para o prédio. Há, até mesmo exageros, como os trabalhadores terem que utilizar luvas para não haver marcas de dedos nos materiais utilizados para a construção do prédio. O botão do elevador, por exemplo, é similar ao botão do IPhone, uma maçaneta de porta demorou um ano e meio para ser projetada (OESP, 2017).

O projeto, desenvolvido com a Foster + Partners, partiu do princípio de substituir 5 milhões de metros quadrados de asfalto e concreto por um parque com mais de 9.000 árvores nativas. O Apple Park foi projetado para ter ventilação natural, sem a necessidade de instalação de ar condicionado ou aquecimento durante 9 meses do ano (APPLE NEWSROOM, 2017).

Nas palavras do CEO da Apple, Tim Cook:

> A visão de Steve para a Apple se estendeu muito além de seu tempo conosco. Ele pretendia que o Apple Park fosse o lar da inovação para as gerações vindouras. Os espaços de trabalho e parques são projetados para inspirar a nossa equipe, bem como beneficiar o meio ambiente. Conseguimos um dos edifícios mais eficientes do ponto de vista energético no mundo e o campus funcionará inteiramente com energia renovável. (APPLE NEWSROOM, 2017)

Tudo é uma questão de conceito, que nesse caso se traduz em um projeto de produto sem paralelo. Como sempre, o resultado visual é tão impactante quanto o custo da obra, orçada em US$5 bilhões. O prédio abrigará 12.000 trabalhadores.

## 13. Caso: Masdar City

Masdar City é a primeira cidade verde do século XXI, construída no meio do deserto da Arábia Saudita, próxima a Abu Dabi. A cidade possui 6 km$^2$ e foi projetada pelo arquiteto britânico Norman Foster. Na etapa de projeto previram-se 40 mil moradores, sendo que 30 mil trabalhadores residiriam na própria cidade. A concepção da cidade foi inspirada na escala humana, para minimizar a necessidade de transporte motorizado e na sustentabilidade no seu mais amplo sentido. O princípio norteador é o de uma cidade sem carros, pequena e sem zonas separadas, com 60% da população vivendo a um minuto de caminhada de uma praça.[1]

Como a cidade está localizada no deserto, a beira mar, foram construídos muros de 5 m posicionados para impedir as ondas de calor do deserto, mas permitir a passagem da brisa do mar. A proximidade do mar é o meio pelo qual a cidade é abastecida por água dessalinizada e totalmente reaproveitada. O processo de dessalinização é feito através da entrada da água do mar em tanques com serpentinas. A água é aquecida, ocorrendo o processo de evaporação que separa a água do sal por convecção. O sal fica depositado no fundo dos tanques e a água é captada após o resfriamento em depósito interno do tanque. A água reciclada é utilizada para a irrigação de produção de alimentos para os moradores. Além disso, todo o lixo é coletado e tratado adequadamente.

A energia elétrica consumida pela cidade corresponde a metade da energia consumida por uma cidade de tamanho similar. A geração de energia ocorre por um sistema misto de energia solar e eólica. As casas possuem tetos retráteis para permitir a adequação às estações do ano. As edificações possuem células fotovoltaicas e há uma usina de energia solar de 10MW no limite da área de urbanização. O eixo urbanístico da cidade é direcionado para captar o vento dominante. Há torres de energia eólica que geram energia adicional para a cidade.

O transporte é por meio de bonde elétrico, com uma parada a cada 200 m. O morador pode solicitar um veículo elétrico por telefone, que será enviado a ele remotamente, sem motorista. As edificações foram construídas com materiais que minimizam a captação de calor externo com a preocupação de garantir conforto térmico. Em função de não haver circulação de automóveis, as vias estreitas beneficiam-se do sombreamento intencional e passivo das edificações. Na área construída da cidade, a insolação direta durante o dia nas ruas não ultrapassa os 45 minutos.

---

[1] A cidade possui uma página oficial na internet, com informações sobre sua concepção, especialmente aquelas voltadas à sustentabilidade, disponível em: <https://masdar.ae>.

Com o intuito de desenvolver soluções sustentáveis e estabelecer-se como um paradigma de sustentabilidade para todo o mundo, criou-se o Masdar Institute em parceria com o Massachussets Institute of Technology (MIT). O Masdar Institute possui um programa de pós-graduação com o objetivo de atrair profissionais do mundo todo.

## 14. O Projeto no Contexto da Arquitetura, Engenharia, Construção e Operação (AECO)

O projeto de arquitetura e engenharia é um conjunto de informações que tenta antecipar a obra propriamente dita, utilizando formas diferentes de apresentação: esboços, plantas, equações, textos, planilhas etc.

A importância do projeto no contexto das obras públicas é amplamente reconhecida. No entanto, sua definição está longe de ser consensual e claramente definida.

No Brasil, a legislação das licitações e contratos consolidou as etapas de projeto básico e projeto executivo como fundamentais nas obras públicas. Tais etapas foram inicialmente discutidas na Resolução 361, de 1991, do então Conselho Federal de Arquitetura, Engenharia e Agronomia (hoje Conselho Federal de Engenharia Agronomia – Confea). A conceituação trazida pela Lei 8.666/93, em que claramente o legislador utilizou como uma das fontes principais a Resolução Confea, define:

- **Projeto básico**: conjunto de elementos necessários e suficientes, com nível de precisão adequado, para caracterizar a obra ou serviço (...), elaborado com base nas indicações dos estudos técnicos preliminares, que assegurem a viabilidade técnica e o adequado tratamento do impacto ambiental do empreendimento, e que possibilite a avaliação do custo da obra e a definição dos métodos e do prazo de execução.
- **Projeto executivo**: conjunto dos elementos necessários e suficientes à execução completa da obra, de acordo com as normas pertinentes da Associação Brasileira de Normas Técnicas – ABNT.

Ainda que o nível de precisão não esteja apresentado em lei, a Resolução 361 do Confea estabelece, dentre as características do projeto básico, a função de prever "(...) quantidades e custos de serviços e fornecimentos com precisão compatível com o tipo e porte da obra, de tal forma a ensejar a determinação do custo global da obra com precisão de mais ou menos 15% (quinze por cento)". Em 2015, o Confea aprofundou a discussão por meio da Decisão Normativa 106, conceituando o projeto como "(...) a somatória do conjunto de todos os elementos conceituais, técnicos, executivos e operacionais abrangidos pelas áreas de atuação (...)". Existem diversas publicações abordando as características das fases do projeto de AECO, especialmente no contexto de obras públicas. Destacam-se:

- Orientação Técnica – OT-IBR 001/2006 do Instituto Brasileiro de Auditoria de Obras Públicas – Ibraop.
- Manual de Escopo de Projeto e Serviços de Arquitetura e Urbanismo – Indústria Imobiliária – da Associação Brasileira de Escritórios de Arquitetura – AsBEA.
- Manual de Obras Públicas: projetos – práticas da Secretaria de Estado da Administração e do Patrimônio – Seap, vinculada ao Ministério do Planejamento, Orçamento e Gestão.
- Normas da Associação Brasileira de Normas Técnicas – ABNT (como, por exemplo, a NBR 13.532:1995 – Elaboração de Projetos).

A partir das diversas publicações sobre o tema, incluindo precedentes julgados pelo Tribunal de Contas da União – TCU, considera-se adequada a adoção das seguintes margens de precisão de cada etapa do desenvolvimento do projeto e orçamentos resultantes, apresentada no Quadro 1.1.

**Quadro 1.1:** Etapas de projetos de arquitetura e engenharia

| Etapa | Descrição | Definição do projeto |
|---|---|---|
| Estudo preliminar | Projeto conceitual. Definidas as áreas construtivas e fluxograma dos espaços a partir do programa de necessidades. Previsão da tecnologia e sistema estrutural que serão utilizados. | +/- 5% |
| Anteprojeto | Projeto arquitetônico em estágio avançado de desenvolvimento. Projetos de engenharia em desenvolvimento ou aguardando definições arquitetônicas. Custos calculados a partir de tabelas referencias e índices médios (CUB, por exemplo). | +/- 15% |
| Projeto básico | Projetos de engenharia 50% concluídos. Custos unitários calculados. Conhecimento das peculiaridades da obra para definição das soluções que deverão ser apresentadas nos projetos arquitetura e engenharia em etapa posterior. | 20% a 40% |
| Projeto executivo | Todas as informações, cálculos e estudos confeccionados e concluídos. Projeto voltado para a execução das obras, incluindo projetos de instalação do canteiro de obras. | 50% a 100% |

O entendimento trazido pela Lei 8.666/93, a partir da conceituação quanto ao projeto básico, somado às diversas publicações sobre o tema, estabelece que os elementos mínimos para licitar uma obra de edificação deve conter projetos de: levantamento topográfico, sondagens, terraplanagem, arquitetura, fundações, estrutura, instalações hidrossanitárias, instalações elétricas, instalações de telefonia, instalações de prevenção e combate a incêndio e pânico, instalações lógicas, instalações de condicionamento de ar, instalações de transporte vertical, paisagismo e áreas externas.

A Lei 8.666/93 permaneceu praticamente inalterada até 2011 quando, em função dos eventos esportivos que aconteceriam no país (Copa das Confederações e Copa do Mundo FIFA, Olimpíadas e Paraolimpíadas), optou-se por revisá-la. Dentre as alterações surgiu o Regime Diferenciado de Contratações Públicas (RDC), por meio da aprovação da Lei 12.462/2011.

## 15. Projeto = Empreendimento

Na língua inglesa há a distinção da palavra projeto: "projeto" enquanto desenho (*design*) e "projeto" enquanto empreendimento (*project*). A palavra projeto, no contexto dos conceitos relativos à gestão de projetos, é o projeto enquanto um empreendimento. Na definição clássica, projeto é um empreendimento único, não repetitivo, com início e fim bem definidos, formalmente organizado, que congrega e aplica recursos, visando resultados pré-estabelecidos. Na definição do PMI (2008), projeto é um esforço temporário empreendido para a criação de um produto ou serviço, de caráter exclusivo.

As definições possuem uma estreita relação com as características de uma obra de construção civil, com a particularidade de que em vez de os recursos ficarem fixos em uma planta fabril, eles se deslocam para o local da obra. E há ainda o caso de obras cujos recursos têm que se movimentar como é o caso de obras para a construção de estradas. É um empreendimento único no sentido de demandar um projeto específico, considerando as necessidades do cliente, as características regionais que determinarão a definição do sistema construtivo, a racionalização e os aspectos de funcionalidade. Simultaneamente, é um projeto não repetitivo em função de ele não ser feito em série e considerar um projeto específico. No caso de um conjunto habitacional, onde cada unidade residencial é idêntica e, portanto, há repetitividade no produto individual entregue, isso não muda a natureza singular do projeto enquanto empreendimento, pois o produto final do empreendimento é o conjunto habitacional, que compreende além das unidades habitacionais, um estudo prévio de implantação, toda infraestrutura de água, energia elétrica, saneamento e pavimentação, além da presença de equipamentos públicos.

O projeto enquanto um empreendimento de construção civil é cercado de incertezas que podem influenciar na produtividade de um canteiro de obras. A especificidade de ativos em obras de construção pesada, por exemplo, requer que tanto as empresas que participam quanto os profissionais que fazem parte do corpo técnico da empresa apresentem um currículo comprobatório de experiência anterior em obras de mesma natureza.

No caso de obras de edificações, Vargas (1996) fez um levantamento sobre a distribuição do tempo em 30 canteiros de diferentes regiões do Brasil. Somente 30% do tempo é efetivamente gasto com a execução da obra. Os demais fatores identificados e suas respectivas porcentagens foram: realização de marcações (8%), transporte de materiais (15%), não trabalhando (37%) e refazendo o trabalho (10%). Os fatores responsáveis pelas perdas e esperas relativos ao item "não trabalhando" e suas respectivas porcentagens, dizem respeito a: deficiência na movimentação de material (33,3%), espera de material (22,7%), falta de frente de trabalho (8,6%), falta de equipamento (8,2%), descansando (2,5%), muita gente (2,3%) e outros, incluindo chuvas (5,9%).

Portanto, o que se observa neste caso é que a maior responsabilidade pelas paradas e esperas recaem sobre o papel do engenheiro na obra. A relação entre o canteiro de obras, a empresa responsável pela obra e a empresa do projeto (neste caso compreendido como *design*) também é um elemento a ser considerado, pois a comunicação entre os três é assíncrona por natureza e pode ser um fator crítico para responder a situações adversas.

## 16. Gerenciamento de Projetos

Gerenciamento de projetos é "a aplicação de conhecimento, habilidade, ferramentas e técnicas em atividades de projeto para atender ou superar às necessidades e expectativas do projeto" (PMI, 2008). Para bem executar o gerenciamento de projeto, requer-se o domínio de diversos e distintos conhecimentos, como por exemplo: técnicas quantitativas (PERT-CPM), estrutura e comportamento organizacional (KERZNER, 1984). As áreas de conhecimento em gerenciamento de projeto dizem respeito à integração, escopo, tempo, custo, qualidade, recursos humanos, comunicações, riscos, aquisições e *stakeholders* (partes interessadas) (PMBOK, 2017). Tradicionalmente um projeto é considerado bem-sucedido quando o empreendimento atinge os níveis estabelecidos de custo, prazo e qualidade (especificação técnica).

O gerenciamento de projeto originou-se na Revolução Industrial, com a divisão do trabalho identificada por Adam Smith em *A riqueza das nações*, de 1776, no qual verificou que a especialização do operário na realização de tarefas permitia produzir mais com os mesmos recursos. Com o crescimento das atividades industriais ao longo do século XIX, a impossibilidade de continuar a explorar o trabalhador, a definição das jornadas de trabalho e da legislação trabalhista, surgiram as primeiras teorias administrativas por volta de 1900, com intuito de adotar princípios científicos em detrimento ao empirismo.

Um exemplo de técnica que surgiu para auxiliar o processo de gerenciamento de projetos neste período foi o Gráfico de Gantt, desenvolvido por Henry L. Gantt, que permitia o acompanhamento visual do andamento da programação de atividades. Na década de 1940, em função da necessidade de deslocamento de tropas e armamentos para a 2ª Guerra Mundial, surge a Pesquisa Operacional, com o intuito de auxiliar a tomada de decisão utilizando modelos matemáticos. Como decorrência da Pesquisa Operacional em 1956, desenvolve-se o *Critical Path Method* (CPM); e, em 1957/58, desenvolve-se o *Program Evaluation and Review Technique* (PERT).

O CPM foi desenvolvido por um grupo composto por pesquisadores da Du Pont de Nemours e da Remington Rand Univac, que pretendia reduzir o período de manutenção, revisão e construção de fábricas. O objetivo principal era determinar a duração das atividades relacionadas com o projeto que proporcionasse o menor custo total (direto e indireto), com uma abordagem determinística.

O PERT surgiu a partir do programa "Polaris Weapons System" da Marinha americana, para desenvolver o submarino atômico Polaris. O grupo para o desenvolvimento do projeto era formado por pesquisadores da Lockheed Aircraft Corporation, da Navy Special Projects Office e da consultoria Booz-Allen and Hamilton. A coordenação do projeto era responsável por 250 empreiteiras, 900 subempreiteiras e um montante de aproximadamente 70.000 peças diferentes ao longo dos três anos de execução. As estimativas de prazo e controle de atrasos foram essenciais para o sucesso do projeto proporcionadas pelo PERT e permitiram um tratamento estatístico de duração das atividades.

Em 1962, os métodos PERT e CPM foram integrados, como PERT-CPM, e originaram inúmeros outros variantes Roy (1964) e Metra Potential Method (1972). Na década de 1990, vários softwares baseados no PERT-CPM surgiram, tais como MS Project, Primavera e Time Line (MUSETTI, 2009). Durante esses mesmos anos, constituiu-se o Project Management Institute (PMI), hoje uma das instituições mais reconhecidas e respeitadas da área, responsável pela sistematização do conhecimento sobre gerenciamento de projetos, através dos guias *Body of knowledge* – PMBok.

## 17. Ciclo de Vida de Projetos

Todo projeto possui um ciclo de vida característico, mas que pode ser visualizado genericamente por uma estrutura comum: início, organização e preparação, execução e encerramento. Tal estrutura é útil para a alta administração do empreendimento, pois visa suportar análises mais abrangentes, envolvendo o projeto como um todo. Um exemplo é o nível de custos e o quantitativo de pessoal utilizado, que tipicamente iniciam com um pequeno montante (início), passam por um crescimento (organização e preparação), atingindo seus respectivos ápices (execução) e declinam acentuadamente (encerramento). Outro exemplo é a análise sobre os custos da mudança e os riscos e incerteza do projeto, que, tipicamente, variam opostamente com o passar do tempo ao longo da estrutura do ciclo de vida de projetos. Quanto mais cedo for implementada a proposta de mudança, menor será o custo, embora a incerteza e o risco ainda estejam altos, pelas próprias naturais indefinições de uma fase inicial do projeto. Por outro lado, com o passar do tempo, os riscos e as incertezas diminuem, com o encaminhamento de muitas definições e a conclusão de várias etapas do projeto, mas a implementação de uma alteração torna-se muito mais onerosa.

O ciclo de vida de projeto e suas análises devem variar suas configurações e aplicações de acordo com a natureza dos projetos. Para projetos bem configurados e com etapas preestabelecidas assumem uma abordagem conforme a apresentada. Mas, para projetos que possuem etapas que dependem de condições que podem ou não se concretizar ao longo do projeto, adaptações devem ser incorporadas.

A apresentação do ciclo de vida de projetos remete-nos a outro conceito clássico, o de ciclo de vida do produto, que prevê quatro etapas: introdução do produto no mercado, crescimento, maturidade e declínio. Embora não devam ser confundidos, suas visões podem ser incorporadas. Podemos desenvolver projetos específicos em diferentes etapas do ciclo de vida de um produto.

Um exemplo interessante é uma obra de edificação residencial multifamiliar (mais comumente conhecido como prédio residencial) em que há o ciclo de vida do projeto enquanto a obra de construção é executada.

O ciclo de vida do produto está relacionado com o processo de incorporação do edifício, no qual se define uma estratégia de vendas de apartamentos, com um número mínimo de unidades vendidas para a obra ter início. E a partir do momento que a obra é iniciada ocorre a conjunção do cronograma da obra (projeto) com o cronograma de incorporação do edifício (produto). Mesmo com algumas unidades vendidas para o início da obra, é importante que se defina uma estratégia para atrair potenciais clientes que comprem unidades antes do término da obra, para garantir um fluxo de caixa que permita a obra se autofinanciar. Tecnicamente falando, em termos do ciclo de vida do projeto, o prazo de execução poderia ser de 8 a 10 meses. Entretanto, se o plano de marketing relativo ao empreendimento não conseguir vender as unidades previstas durante esse período, a obra pode ser paralisada para recomposição do fluxo de caixa.

Um exemplo marcante disto foi uma empresa de construção civil do ramo imobiliário que abriu diversas filiais no território brasileiro e passou a utilizar o recurso financeiro de um empreendimento que estava começando para subsidiar empreendimentos em outras praças, que estavam com o cronograma mais adiantado. Entretanto, para que esse esquema de fluxo de caixa fosse viável, era necessário que houvesse uma expansão contínua da empresa, abrindo novas filiais em outras cidades para explorar novos mercados. O que parecia ser uma lógica consistente transformou-se em um processo contínuo de acúmulo de déficit que tornou a empresa insolvente. A empresa fechou as portas e muitos mutuários que pagaram várias parcelas dos seus respectivos apartamentos ficaram sem recebê-los. Portanto, quando uma pessoa compra um apartamento na planta, o que ela está comprando de fato é a promessa de um produto. O que existe, na verdade, é um "buraco no ar".

## 18. Caso: Projetos apressados, soluções lentas

A fase de projeto é importante para garantir a concepção adequada, baseada em critérios técnicos, estéticos, de segurança e definição da sequência de execução apropriada. Entretanto, é a fase na qual os políticos não admitem demora, afinal, há a etapa de licitação e execução da obra e, muitas vezes, um mandato pode não ser suficiente para cortar a faixa de inauguração. Essa é uma das principais causas de problemas que acabam tendo seus reflexos na fase de execução e, posteriormente, em sua utilização.

O Estádio Nilton Santos, no Rio de Janeiro, teve que ser interditado após 6 anos de sua inauguração, pois apresentou problemas estruturais decorrentes de falhas no projeto. O problema estrutural ocorreu em 2007 quando houve a remoção das escoras utilizadas durante a construção do estádio. Com a retirada, o deslocamento da estrutura foi maior do que o esperado, causando a curvatura da estrutura. A velocidade do vento prevista em projeto estimava que a cobertura poderia suportar ventos abaixo de 115 km/h. Entretanto, o laudo técnico indicava que ventos de 63 km/h poderiam causar risco ao público. Em 2013, os ventos comprometeram a cobertura e o estádio teve que ser interditado (LEME, 2016).

A cronologia dos problemas do estádio começou em 2007, quando se fez o acompanhamento junto com a empresa projetista e o certificador de comportamento da estrutura do estádio. Em 2009, foi emitido um relatório da empresa projetista com a avaliação das condições de segurança da estrutura, fazendo restrições à utilização do estádio, caso a velocidade do vento fosse superior a 115 km/h. Ao longo de 2010, foram instalados dispositivos que permitiam avaliar as cargas nos pendurais. Após 3 leituras em 100 pendurais, optou-se pela contratação de uma terceira empresa especializada em cobertura de estádios. Em 2011, a empresa foi responsável pela elaboração de um novo modelo de ensaio do túnel de vento. Em 2012, o ensaio do túnel de vento utilizando uma maquete demonstrou a necessidade de intervenção no estádio para que as condições iniciais de segurança previstas no projeto estrutural fossem restabelecidas (LEME, 2016).

Posteriormente identificou-se que, além dos problemas estruturais, o sistema elétrico era deficiente, o sistema hidráulico estava enferrujado, equipamentos eletrônicos apresentavam defeitos e a argamassa era de baixa qualidade. Quando os refletores do estádio sofrem um curto ou uma queda de energia, o *nobreak* é acionando automaticamente. No caso da rede elétrica o *nobreak* foi projetado para manter a energia dos refletores por até cinco minutos. Ao final desse período, caso a energia elétrica não retorne, o equipamento envia a sua carga para os geradores. Como a capacidade de carga do gerador é subdimensionada, ele não aguenta e desarma de novo. O ideal seria dispor de um número maior de *nobreak* para que a divisão de energia fosse feita aos poucos. Em relação ao sistema hidráulico, a água dos banheiros é marrom, devido a tubulação de ferro estar enferrujada. Para resolver o dano, a instalação deveria ser refeita. Quando o estádio recebe um público acima de 20 mil pessoas, há falta d'água, mesmo com os reservatórios completos, pois a distribuição de água é interrompida (LEME, 2016).

Nos Estados Unidos, Europa e Japão, é comum que o planejamento de um projeto demore vários anos. Como exemplo, o projeto e o planejamento do túnel sob o Canal da Mancha levou 10 anos, enquanto a execução da obra em si levou 7 anos (LEME, 2016).

## 19. Sucesso de Projeto

Quando dizemos que um projeto obteve sucesso?

De uma maneira clássica, um projeto é bem-sucedido quando ele foi entregue dentro do prazo, dentro do orçamento inicial e com a qualidade esperada. Em cada um desses critérios (prazo, custo e qualidade) há algumas perspectivas que devem ser consideradas, como a do cliente, do acionista e da equipe.

O ajuste dos custos, prazos e da qualidade deve basear-se no cliente. Se a gestão de projeto considera a expectativa do cliente é necessário também que essa perspectiva esteja compatível com as necessidades internas de desempenho da empresa (desdobramento de seus objetivos estratégicos) e perante seus acionistas.

Outro aspecto importante é administrar as expectativas dos membros das equipes de trabalho. Busca-se alinhar os interesses destes recursos humanos (equipe do projeto) com os da organização e os do projeto a ser executado. Ratifica-se aqui a importância da competência na gestão da estrutura e comportamento organizacionais. Uma equipe de trabalho bem unida, motivada e alinhada em seus objetivos é mais de "meio caminho percorrido" para o sucesso do projeto. O domínio destes conhecimentos de gestão organizacional e das técnicas quantitativas na gestão de projetos não são suficientes para a formação de um bom gestor de projetos. O próprio mercado conta com associações que exigem em seus processos de certificação de profissionais a comprovação de atuação na gestão de projetos (experiência em gestão de projetos). Cada segmento conta com suas particularidades e há competências em gestão de projetos que só são desenvolvidas com a própria prática profissional. O segmento da construção civil não é diferente.

O caso a seguir resgata as considerações sobre análise de riscos, incertezas e custos de mudanças ao longo do ciclo de vida de projeto, bem como algumas práticas próprias da construção civil: detalhamento do projeto do produto, processo licitatório público e aditamentos.

A ponte estaiada Octávio Frias de Oliveira, no Brooklin, em São Paulo, foi entregue em 10 de maio de 2008, com três anos de atraso e R$113 milhões mais cara. O custo da obra, iniciada em outubro de 2003, foi de R$260 milhões. Nos últimos dois anos antes da entrega da obra houve aditamento de R$36,6 milhões no contrato e nova licitação de R$70 milhões, para o remanejamento da rede elétrica de torres que cruzavam a estrutura. "O projeto não encareceu. Ocorreram aditamentos normais, como o que previa o alteamento da rede elétrica até a estação da Eletropaulo", disse o gerente de obras da Empresa Municipal de Urbanização (Emurb). Segundo a Emurb, a Eletropaulo foi consultada para fazer o trabalho, mas respondeu que não teria disponibilidade. O aditamento de R$36,6 milhões serviu para a finalização das quatro alças de acesso e do mastro de sustentação e a atualização do contrato em 24,75% (ZANCHETTA & BRANDALISE, 2008).

Esse caso é bem ilustrativo do conceito de sucesso de projeto. É importante ressaltar que os problemas com aditamentos em obras muitas vezes ocorrem por circunstâncias operacionais de execução da obra que fogem à percepção do profissional na fase de planejamento. Particularmente, o alteamento da rede elétrica até a estação da Eletropaulo depende de fatores que estão relacionados com a própria Eletropaulo e não estão propriamente sob o controle do consórcio responsável pela obra. Portanto, a fronteira que separa a teoria da prática, neste caso, possui algumas questões que merecem uma avaliação.

O que você acha? Este projeto obteve sucesso em alguma das perspectivas comentadas, como cliente, empresa, e equipe do projeto?

## 20. Caso: Quando há projeto e não há gerenciamento

A ideia fundamental do projeto do produto é propor uma solução para o produto da construção civil que envolva não somente a concepção, mas a execução e o uso. No entanto, a realidade que se impõe no cotidiano de edificações de pequeno porte passa como um rolo compressor nesta visão conceitual do projeto proposta por Le Corbusier.

A percepção do caos sobre o projeto em uma obra ficou bastante clara quando ainda era aluno e um professor solicitou que fizéssemos um trabalho de investigação de execução de uma fundação em um canteiro de obras na cidade de São Carlos, interior do estado de São Paulo.

Ao conseguir acesso a uma obra de uma edificação comercial de dois pavimentos, o primeiro passo foi conversar com o engenheiro-proprietário no escritório da empresa no qual todas as plantas da fundação estavam disponíveis e, assim como o projeto arquitetônico, haviam sido produzidas com o software AutoCad. Essa visita se deu em 1994, quando os projetos desenvolvidos por meio do *computer aided design* (CAD) estavam começando a ser difundidos nas pequenas construtoras do interior do estado de São Paulo, e causou um impacto inicial bastante positivo.

Quando ocorreu a visita à obra, o mestre de obra apresentou como projeto de fundações um croquis desenhado em uma folha de caderno, com marcações feitas a lápis, sem escala e de forma bastante esquemática. Ao questioná-lo sobre o projeto apresentado no escritório, o mestre de obras disse que desconhecia esta versão. Ao iniciar a compreensão do que estava no croquis, a representação não correspondia ao que já estava executado. Nesse momento, o mestre de obras pegou a folha de caderno, virou-a para o lado inverso e colocou-a contra o sol e disse: "Nós percebemos que o sol da tarde bateria nas janelas se fizéssemos o edifício nesta posição e, então, viramos o prédio por conta própria."

Ao questionar se o engenheiro estava de acordo com essa mudança, ele disse que sim, mas ao mesmo tempo, reclamava que ele comparecia à obra dia sim dia não, o que muitas vezes atrasava a compra dos materiais necessários. Na execução da viga baldrame, por exemplo, ele disse que muitas vezes não era possível colocar todos os estribos previstos e que, na ausência do engenheiro, o pedreiro simplesmente jogava fora, pois ele, como mestre de obras, não tinha condições de lhe explicar a técnica sobre o assunto. Além disso, reclamava que ele precisa contar com a boa vontade do cunhado que tinha um caminhão para buscar material para obra, de forma a minimizar o tempo parado por falta de material.

Esse exemplo real, e extremo, demonstra a falta de articulação entre o escritório da empresa e o canteiro de obras com relação à importância atribuída ao projeto, às suas consequências na execução e, provavelmente, à utilização futura do projeto.

A transição entre conceitos auspiciosos de projeto do produto e o caos completo ocorre com frequência em obras dessa natureza.

## 21. Caso: Sirius – um projeto ousado

O UVX foi o primeiro acelerador de partículas brasileiro, cuja construção começou em 1985 e foi inaugurado em 1995, na cidade de Campinas, interior do estado de São Paulo. Com o tempo, o acelerador ficou obsoleto e foi necessário um novo projeto.

Em 2008, uma equipe do LNSL iniciou a elaboração de um pré-projeto do novo acelerador. A proposta estimada inicialmente em R$600 milhões foi apresentada ao então ministro de Ciência e Tecnologia Sérgio Resende, que deu aval para ir em frente. Em 2012, o projeto que ainda não havia saído do papel já estava obsoleto, pois a Suécia havia proposto um acelerador de partículas mais avançado. Para não perder a corrida tecnológica, a equipe refez o projeto do Sirius e os seus custos alçaram os R$1,5 bilhão. O Ministério de Ciência e Tecnologia continuou bancando o projeto. Em 2013, o Fundo Nacional de Ciência e Tecnologia teve seu ápice, mas, nos anos seguintes, parte dos recursos foram destinados para o Fundo Social e para o programa Ciência sem Fronteiras (CISCATI, 20017).

Em janeiro de 2015 iniciou-se a construção do acelerador de partículas — o Sirius, em Campinas, com um cronograma previsto de 40 meses, que chegaria ao fim em junho de 2018. O Sirius compreende um conjunto de aceleradores de elétrons, estações experimentais de linhas de luz, e uma edificação que comporta todo o complexo. Com 68.000 $m^2$, as especificações técnicas denotam a complexidade da obra civil relacionada com estabilidade dimensional, vibracional e térmica, e com a funcionalidade voltada para as ações de manutenção. A construção do Sirius depende da colaboração do LNSL com, ao menos, 40 empresas nacionais para fabricar os componentes do acelerador que envolve o desenvolvimento de novas tecnologias de produção (CISCATI, 20017). É um projeto 100% nacional, com cerca de 85% dos componentes fabricados no Brasil (ESCOBAR, 2017).

A edificação principal terá quatro pavimentos com capacidade para até 620 pessoas, entre funcionários e visitantes. Ele conterá três aceleradores de elétrons e as possíveis 40 linhas de luz, seis das quais são consideradas longas, com comprimentos variando de 100 a 150 m. Está prevista a construção de duas futuras linhas com estações experimentais com distância de 250 m (LNSL, 2017). Além da área experimental, este prédio possui em seu interior áreas destinadas a utilidades e às fontes dos aceleradores. Em seu entorno haverá laboratórios de apoio, centro de dados, sala de operação e controle, áreas de convívio e escritórios. Com o intuito de minimizar vibrações causadas pela ação dos ventos, equipamentos e movimentação de pessoas, a estrutura e as lajes são feitas em concreto armado. As fundações, o piso da área experimental e da blindagem dos aceleradores são isolados dos demais pisos das edificações para evitar recalques, deformações e propagação de vibrações decorrentes de ações externas e internas. Para a cobertura utilizou-se a telha zipada de perfil cônico com isolamento térmico (LNSL, 2017).

A primeira fase e parte da segunda fase do cronograma planejado incluíram: a implantação do canteiro de obras e infraestrutura provisória; a execução da fundação da edificação principal, área de engenharia, compressores, geradores e de parte das linhas longas; a execução parcial da superestrutura da edificação principal e a construção de parte da estrutura metálica da cobertura da edificação principal (CISCATI, 2017).

Em agosto de 2017 as obras já estavam adiantadas: o telhado já estava pronto e as paredes de blindagem do corredor do anel estavam em fase de concretagem. As peças do primeiro estágio do acelerador chegaram no porto de Santos. Entretanto, apesar do sucesso do projeto estar próximo, do orçamento de R$90 milhões aprovado pelo congresso para o Centro Nacional de Pesquisa em Energias e Materiais (CNPEM), do qual o LNSL faz parte, somente R$54 milhões foram autorizados para serem gastos. Desse valor, o CNPEM recebeu somente R$15 milhões. Isso equivale a dois meses de salário do pessoal envolvido. Como o CNPEM é uma Organização Social e contrata funcionários pela CLT, há risco do projeto ficar sem dinheiro e sem funcionários (ESCOBAR, 2017).

O orçamento previsto na Lei Orçamentária para o projeto era de R$325 milhões, mas foi cortado para R$189 milhões. Para cumprir o cronograma de início das operações em junho de 2018, o próprio orçamento previsto é insuficiente. Para evitar atraso no cronograma é necessário um aporte adicional de R$180 milhões, que implica aditivo ao contrato vigente. Em agosto de 2017 o custo total já estava estimado em R$1,8 bilhão, considerando o prédio, acelerador, a mão de obra e as 13 linhas de luz previstas para entrar em operação até 2020 (ESCOBAR, 2017).

## Referências

ALTOUNIAN, C.S. (2010) Obras públicas: licitação, contratação, fiscalização e utilização. Belo Horizonte: Fórum, p. 409.

APPLE NEWSROOM. (2017) Apple Park opens to employees in April, 22.02. https://www.apple.com/newsroom/2017/02/apple-park-opens-to-employees-in-april/. Acesso em: 16 de maio de 2017.

ARGAN, G.C. (2004) Projeto e destino. São Paulo: Ática, p. 334.

ARTIGAS, J.H.V. (2004) Caminhos da arquitetura. São Paulo: Cosac Naify.

BASÍLICA DE LA SAGRADA FAMÍLIA. <http://www.sagradafamilia.org/en/antoni-gaudi/>. Acesso em: 10 de maio de 2016.

BRASIL. (1991) Conselho Federal de Engenharia e Agronomia – Confea. Resolução 361 de 10 de dezembro de 1991. Disponível em: <http://normativos.confea.org.br/ementas/visualiza.asp?idEmenta=409>. Acesso em: 10 de maio de 2016.

BRASIL. (1993) Lei 8.666, de 21 de junho de 1993. Regulamenta o art. 37, inciso XXI, da Constituição Federal, institui normas para licitações e contratos da Administração Pública e dá outras providências. Diário Oficial da União – DOU, Brasília, 22 de junho de 1993.

BRASIL. (2015) Conselho Federal de Engenharia e Agronomia – Confea. Decisão Normativa 106 de 17 de abril de 2015. Disponível em: <http://normativos.confea.org.br/downloads/0106-15.pdf>. Acesso em: 10 de maio de 2016.

CISCATI, R. (2017) O acelerador de partículas de R$1,5 bilhão. *Época*, http://epoca.globo.com/ciencia-e-meio-ambiente/noticia/2017/01/o-acelerador-de-particulas-de-r-15-bilhao.html, 12/01/2017. Acesso em: 5 de setembro de 2017.

COHEN, J.L. (2007) Le Corbusier (1887-1965): lirismo da arquitetura da era da máquina. Rio de Janeiro: Paisagem, p. 96.

CORBUSIER, L. (1977) Por uma arquitetura. São Paulo: Perspectiva, p. 205.

ESPEL, R. et al. (2009) La evolución de la construcción del Templo de la Sagrada Familia. Informes de la Construcción, v. 61, n. 516, p. 5-20.

ESCOBAR, H. (2017) Risco à maior obra da Ciência do país. O Estado de São Paulo, Metrópole, A14, 30 de agosto.

FARIA, R. (2008) Coordenador de obras. Téchne, PINI. URL: http://techne.pini.com.br/engenharia-civil/138/coordenador-de-obras-285731-1.aspx. Acesso em: 12 de abril de 2016.

FARIA, R. (2009) Gerente de planejamento. Téchne, PINI. URL: http://techne.pini.com.br/engenharia-civil/143/artigo286567-1.aspx. Acesso em: 12 de abril de 2016.

GEROLLA, G. (2012) Coordenador de projetos. Téchne, PINI. URL: http://techne.pini.com.br/engenharia-civil/190/coordenador-de-projetos-com-formacao-generalista-e-dominio-em-288014-1.aspx. Acesso em: 12 de abril de 2016.

GUERRINI, F.M.; ESCRIVÃO FILHO, E.; ROSIM, D. (2016) Administração para engenheiros. Rio de Janeiro: Elsevier.

IVANKOVICˇ, V. (2009) Reinforced concrete and concrete prefabrication concept in Le Corbusier's scope of work – condo building in Marseilles 1945-1952. Techinical Gazette, v. 16, n. 3, p. 63-70.

KERZNER, H. (1984) Project Management – A system approach to planning, scheduling and controlling. 2 ª ed. New York: Van Nostrand Reinhold Company, p. 937.

LEME, F. (2013) Engenhão tem outros problemas estruturais além da cobertura, Portal G1, 1 de abril. URL: http://globoesporte.globo.com/rj/futebol/campeonato-carioca/noticia/2013/04/conheca-os-bastidores-estruturais-do-engenhao.html. Acesso em: 17 de maio de 2016.

LNSL. O projeto Sirius. http://lnls.cnpem.br/sirius/projeto-sirius. Acesso em: 14 de setembro de 2017.

MARTUCCI, R. (1990) Projeto tecnológico de edificações. Tese (Doutorado), Faculdade de Arquitetura e Urbanismo, Universidade de São Paulo, p. 438.

MASDAR CITY. Wikipedia. Disponível em: <https://en.wikipedia.org/wiki/Masdar_City>. Acesso em: 30 de outubro de 2018.

MINTZBERG, H. (2010) Managing: desvendando o dia a dia da gestão. Porto Alegre: Bookman.

MUSETTI, M. (2009) Planejamento e controle de projetos (Capítulo 3). In: ESCRIVÃO FILHO, E. Gerenciamento na construção civil. São Carlos, Projeto Reenge, setor de publicação da EESC-USP.

NOBRE, A.N. (2007) Módulo só. O Edifício E1, em São Carlos, de Ernest Mange e Hélio Duarte. Risco, n. 5, v. 1.

OESP. (2017) Apple fará "tributo" a Jobs em sede de US$5 bi. O Estado de São Paulo, Economia, B12, 9 de fevereiro.

PMI (Project Management Institute). (2008) Um guia de conhecimento em gerenciamento de projetos (guia PMBok). 4ª ed. Pensilvânia: PMI.

PMI (Project Management Institute). (2017) Um guia de conhecimento em gerenciamento de projetos (guia PMBok). 6ª ed. Pensilvânia: PMI.

ROCHA, A.P. (2011) Coordenador de suprimentos. Téchne, PINI. URL: http://techne.pini.com.br/engenharia-civil/175/coordenador-de-suprimentos-285894-1.aspx. Acesso em: 12 de abril de 2016.

TAMAKI, L. (2010) Gestor de projetos. Téchne, PINI. URL: http://techne.pini.com.br/engenharia-civil/164/gestor-de-contratos-funcao-ao-mesmo-tempo-abrangente-e-285828-1.aspx. Acesso em: 12 de abril de 2016.

VARGAS, N. (1996) Cultura para construir. Construção São Paulo, n. 2521, p. 56-60.

VITRUVIO. (2007) Tratado de arquitetura. São Paulo: Martins Fontes, p. 556.

ZANCHETTA, D.; BRANDALISE, V.H. (2008) Com 3 anos de atraso e R$113 mi a mais, ponte estaiada é aberta. O Estado de São Paulo, 9 de maio.

# Capítulo 2

# INTEGRAÇÃO E ESCOPO


## Resumo

Do que trata o termo de abertura do projeto (TAP)? E o gerenciamento do escopo do projeto? O TAP é o processo de desenvolvimento de um documento que formalmente autoriza um projeto ou uma fase e a documentação dos requisitos iniciais que satisfaçam as necessidades e expectativas das partes interessadas. O gerenciamento do escopo do projeto inclui os processos necessários para assegurar que o projeto inclui todo o trabalho necessário, e apenas o necessário, para terminar o projeto com sucesso. Serão apresentados os processos de gerenciamento de projeto, as áreas de conhecimento x grupos de processos a que pertencem o TAP e o processo de definição de escopo, gerenciamento do escopo do produto e do projeto, articulação das ações de gerenciamento na construção civil, bem como alguns exemplos que ilustrem tais conceitos.


## Objetivos instrucionais

Apresentar os principais conceitos relacionados com o termo de abertura do projeto (TAP) e o gerenciamento do escopo do projeto aplicados à construção civil.

## Objetivos de aprendizado

Após a leitura deste capítulo espera-se que o leitor seja capaz de:

- Compreender os processos de gerenciamento de projeto.
- Compreender os objetivos do termo de abertura de projeto e da definição do escopo do projeto.

## 22. Integração de Projeto

A integração de projeto na fase de iniciação visa desenvolver o termo de abertura do projeto (*Project Charter*). O documento termo de abertura do projeto (TAP) autoriza formalmente um projeto ou uma fase e a documentação dos requisitos iniciais que satisfaçam as necessidades e expectativas das partes interessadas. Os dados de entrada para a elaboração do termo de abertura do projeto podem estar relacionados com a declaração do trabalho (solicitações), caso de negócio, contratos, fatores ambientais e processos organizacionais. As ferramentas e técnicas dependem de uma opinião especializada. O controle deve refinar as informações do termo de abertura do projeto até atingir um documento formal e garantir o controle das possíveis alterações.

Michael Bloomberg propôs a criação da Cornell NYC-Tech, uma universidade de tecnologia direcionada para as necessidades do mercado, para contrabalançar a perda de mais de 40 mil empregos desde a crise de 2008 no setor financeiro e outras indústrias fundamentais para a cidade, como a editorial e a fonográfica, a de mídia e o varejo. Houve candidaturas de 18 propostas de quase 30 universidades de 9 países. O consórcio formado pela Universidade Cornell e o instituto tecnológico israelense Technion, venceu a concorrência em virtude de iniciar as aulas com um ano de antecedência e garantir um aporte financeiro adicional, além dos US$100 milhões da prefeitura para o novo Campus em Nova York, graças à doação integral para o projeto de US$350 milhões por parte de um ex-aluno de Cornell, o bilionário Charles Feeney, criador da rede Duty Free Shops (FSP, 2013).

A primeira fase do campus projetado pelo arquiteto Thom Mayne viabilizará a vida de 2.500 alunos e 300 professores. Os investimentos estimados para os próximos 15 anos serão de US$2 bilhões. As aulas tiveram início em uma sede provisória do campus em Manhattan, a partir de uma parceria entre a prefeitura e o Google que é proprietário do imóvel e alugou 2.500 m$^2$ de um de seus 15 andares ao consórcio, por um período de cinco anos. O programa se erguerá em torno de grandes focos: vida mais saudável; ambiente construído — termo que designa não só arquitetura e planejamento, mas aspectos urbanos na escala mais reduzida do bairro, do quarteirão ou da rua e mídia conectiva. Tais focos estão direcionados para a medicina, mídia e construção e planejamento urbano (FSP, 2013).

A diretriz do novo campus direciona-se para proporcionar um ambiente que gere pesquisa inédita, sonhe com sucesso comercial, mas que queira causar impacto social. "Iremos da pesquisa científica sobre corpo ao uso de sensores e radares para construções mais sustentáveis e às novas mídias — não só redes sociais, mas as formas de comunicação, consumo e compartilhamento de informação." As empresas serão convidadas a ter centros de pesquisa e desenvolvimento dentro do campus: acadêmicos se debruçam sobre desafios empresariais — o interesse comercial gera pesquisa. A Cornell NYC-Tech pode construir um "engajamento profundo com essas empresas, com os clientes, com quem usa" e ocasionar "um grande impacto na transformação dessas indústrias" (FSP, 2013).

## 23. Caso: Novo Teatro Cultura Artística

O Teatro Cultura Artística foi um sonho que a Sociedade de Cultura Artística acalentou desde 1916, e que só seria concretizado com a sua inauguração em 8 de março de 1950 com um concerto regido por Villa-Lobos. O projeto foi de autoria do arquiteto Rino Levi.

Em 17 de agosto de 2008, um incêndio destruiu o Teatro Cultura Artística em São Paulo. Somente o painel Alegoria das Artes pintado por Di Cavalcanti em 1950 sobrou. Após vários anos de discussões sobre como deveria ser o projeto de reconstrução do Teatro Cultura Artística, os envolvidos resolveram aproveitar o momento para fazer adequações no projeto original, de forma a contemplar a realidade atual da cidade (SAMPAIO, 2017).

O primeiro ponto é que a cidade de São Paulo já possui a Sala São Paulo como teatro de concertos para grandes formações, mas não possui um espaço adequado para música de câmara. Era importante também que o projeto incluísse todas as atividades desenvolvidas pelo Teatro Cultura Artística, tanto as atividades artísticas quanto as atividades educativas. E, finalmente, que fosse aproveitado o prédio remanescente, buscando soluções que minimizassem a necessidade de manutenções, com um orçamento exequível (SAMPAIO, 2017).

A área de apoio que corresponde aos camarins, docas, escritórios e acervos, ocupará 4 andares. O auditório maior terá 750 lugares com duas plateias centrais, plateias laterais, um andar de balcões e lugares atrás dos palcos. A sala menor terá 150 lugares e foi projetada com o intuito de permitir o oferecimento de cursos. As grandes orquestras serão apresentadas pela Sociedade Cultura Artística na Sala São Paulo e os concertos de Câmara serão apresentados no Teatro Cultura Artística (SAMPAIO, 2017).

Há um *foyer* lateral envidraçado que permite a comunicação visual do teatro com o seu entorno, a Praça Roosevelt, preservando a intenção original de Rino Levi. No térreo haverá um café e uma livraria, abertos para a rua, e no *foyer* do primeiro andar, um restaurante. Haverá também uma sala de exposição permanente (SAMPAIO, 2017).

Apesar da atualização que o novo projeto trará para o teatro, houve uma redescoberta de materiais e revestimentos originais que serão restaurados nesta nova concepção. Por exemplo, na década de 1970, foi colocado um piso de borracha sob o original que era de vidrotil azul e as colunas eram de vidrotil verde. No *foyer* principal também será restaurada a escada de granilite branco (SAMPAIO, 2017).

## 24. Caso: Falta de consenso na integração do projeto do VLT

Uma das preocupações do Comitê Olímpico foi viabilizar a mobilidade para os Jogos Olímpicos e, ao mesmo tempo, deixar um legado de obras de infraestrutura para a cidade. O projeto do Veículo Leve sob Trilhos (VLT) do Rio de Janeiro é parte de um projeto de intervenção urbana para revitalização da área portuária do Rio de Janeiro.

O projeto do VLT do Rio de Janeiro previu seis linhas perfazendo um total de 28 km e 31 paradas. Os intervalos entre os trens devem variar de 3 a 15 minutos. A capacidade de transporte prevista é de 300 mil passageiros diários. A linha, que foi inaugurada no dia 22 de maio de 2016, faz a ligação entre o terminal rodoviário Novo Rio e o aeroporto Santos Dummont. O início das operações previu períodos curtos de 2 horas de funcionamento por dia até atingir o período de 24 horas por dia (PENAFORT, 2016).

O trecho entregue é belíssimo, pois com o fechamento para o trânsito entre as Avenidas Nilo Peçanha e Presidente Wilson, e a criação de um calçadão, o pedestre tem acesso direto a centros culturais como o Teatro Municipal, a Biblioteca Nacional de Belas Artes e o Centro Cultural da Justiça Federal. Futuramente pretende-se instalar uma ciclovia no local. Entretanto, houve questionamento se o poder público deveria ter feito uma consulta pública para decidir pelo fechamento ao trânsito. Outro questionamento diz respeito ao fato do trilho passar sobre o centro histórico da cidade, pois o calçamento original era do século XIX (PENAFORT, 2016).

Do lado do poder público o argumento é que o VLT é um símbolo da mudança na dinâmica social e econômica da cidade, pois a transmissão de energia é feita pelos trilhos, dispensando cabos elétricos, contribuindo para a requalificação da zona portuária. O bonde existiu entre as décadas de 1920 e 1960, o que, de certa forma, é um resgate histórico do passado da Avenida Rio Branco (PENAFORT, 2016).

Entretanto, apesar do aviso sonoro, há uma questão de educação do pedestre, que costuma atravessar as ruas fora da faixa, no compartilhamento de espaço com o trem que não possui grades ou barreiras divisórias com o calçadão. Além disso, o sistema de bilhetes prevê a validação feita pelo próprio usuário, o que suscita dúvidas sobre a sua efetividade (PENAFORT, 2016).

Os argumentos dos dois lados são válidos, no entanto, é interessante notar que o momento de discussão destas questões, na perspectiva de gestão de projetos, é na integração do projeto, por meio do Termo de Abertura do Projeto, que é um elemento fundamental para que tanto o poder público quanto os órgãos de classe, as universidades, a população e a equipe que desenvolverá o projeto, tenham uma compreensão comum dos aspectos que serão considerados.

Esse dado é apresentado nas informações preliminares do projeto, no qual deve constar a aprovação e na justificativa do projeto que declara a motivação do projeto e da própria equipe responsável pelo seu desenvolvimento. É interessante notar que as entidades de classe e historiadores se manifestem agora na inauguração, pois desde a definição do Rio de Janeiro como cidade sede das Olimpíadas, a data do início dos Jogos Olímpicos foi definida.

## 25. Caso: Falta de planejamento = falta de integração do projeto

O que significa falta de planejamento no contexto de uma obra de construção civil? Quando pensamos em termos de gestão de projetos, as etapas da integração do projeto, escopo, rede, programação e recursos são fundamentais, porém nem sempre são seguidas. O caso mais evidente é o da integração do projeto.

Em julho de 2016, na rua do Gasômetro, em São Paulo, quem passava por ali já estava acostumado há 6 meses a ver as obras do Museu de História de São Paulo, que ocupa uma área de 20.000 $m^2$, cujo orçamento era de R$61 milhões. Na época, 75% dos serviços de execução da obra estavam concluídos, mas a obra estava parada, pois durante a execução constatou-se a contaminação do solo. Passado o período de 6 meses, a Secretaria de Cultura de São Paulo afirmou que não tinha mais a verba para a finalização da obra, que deveria ter ocorrido há três anos (PEREIRA, 2016).

Esse problema poderia ser identificado com uma sondagem do solo. A integração do projeto poderia indicar as medidas mitigadoras dos problemas antes da obra ser licitada. O governo municipal poderia ter resolvido o problema previamente e, com um laudo da Cetesb atestando as condições adequadas, dar início à licitação. A esse tipo de ocorrência, podem-se incluir problemas jurídicos de desapropriação de áreas de interesse público, licenciamento ambiental e o detalhamento adequado (ou mesmo a existência) de um projeto executivo. O custo de paralisação e retomada de uma obra é grande, pois envolve a desmobilização de pessoal e o pagamento de multas contratuais. Ao retomar o projeto, os custos fixos são reajustados em função do preço dos insumos e a ação do tempo pode deteriorar o que já estava pronto. Sem considerar o custo de retorno esperado da obra, que neste caso está em suspenso há três anos.

No caso do corredor do sistema BRT da BR-1 em Pernambuco, descobriu-se um gasoduto no percurso do ônibus durante a execução. Os recursos que estavam destinados para a execução da obra foram gastos para recuperar o trecho aberto na rodovia e o projeto originalmente proposto deixou de ser executado (PEREIRA, 2016).

A barragem Pinheiros – Boa Esperança, no rio Itauninhas, no Espírito Santo, está atrasada há dez anos. A implantação da barragem teve início em 2003. Inicialmente, as obras estavam sob a responsabilidade da prefeitura de Pinheiros, em parceria com o Governo Federal. Após várias paralisações, com o intuito de aumentar a segurança hídrica da região da barragem, o Governo do Estado assumiu a obra no final de 2015. A previsão da nova licitação em curso em novembro de 2016 era a de que a obra custaria

R$6,1 milhões, com 270 hectares de área alagada, ao longo de 10 km. A capacidade de armazenamento da barragem é de 17 bilhões de litros de água, para abastecimento de 310 mil habitantes por um período de um ano. Para a sua conclusão é necessário o fechamento da represa, a delimitação e recuperação das áreas de preservação ambiental e a preparação da área a ser alagada. Tudo está parado há dez anos, pois o projeto de execução não previu a necessidade de desapropriar as áreas de alguns moradores. A promessa do governo estadual em julho de 2016 era a de que a barragem estaria pronta em 240 dias (PEREIRA, 2016). Mas, após 240 dias, em fevereiro de 2017, a obra não estava concluída.

## 26. Caso: Transposição do Rio São Francisco

A proposta do projeto de transposição do Rio São Francisco envolveu muita discussão acerca do custo ambiental *versus* benefício para a população. A integração do projeto de transposição previu dois eixos: Norte, com 260 km de extensão; e o Leste, com 217 km de extensão, passando pelos estados de Pernambuco, Paraíba, Ceará e Rio Grande do Norte. Em um segundo momento, também houve a intenção do processo se estender a transposição em um eixo Sul, passando pela Bahia e Sergipe; e um eixo Oeste até o Piauí, mas não foi levada adiante. O uso da água foi o principal questionamento na fase de integração do projeto. A água para consumo humano e animal desviada do Rio São Francisco na área de origem tem uma demanda maior do que na área de destino, que se destinará ao agronegócio e à carcinicultura (WIKIPEDIA, 2017).

O escopo do projeto prevê a captação e o transporte de água do rio por meio de canais de concreto, galerias subterrâneas, bombeamento hidráulico e a construção de reservatórios para o abastecimento de água para a região em períodos de estiagem.

No eixo Norte, a transposição será feita para os rios Jaguaribe e Salgado até o Ceará nos reservatórios de Atalho e Castanhão; passando pelo rio Apodi no Rio Grande do Norte, rio Piranhas-açu chegando aos reservatórios de Armando Ribeiro Gonçalves, Santa Cruz e Pau de Ferros no Rio Grande do Norte e nos reservatórios de Engenheiro Ávidos e São Gonçalo na Paraíba. Em Pernambuco, os rios Brígida, Terra Nova e Pajeú, que fazem parte da Bacia do São Francisco, abastecerão as cidades da região (WIKIPEDIA, 2017).

No eixo Leste, a transposição se iniciará em Pernambuco, no município de Floresta, a partir da barragem de Itaparica até o rio Paraíba chegando aos reservatórios Poço Cruz (Pernambuco) e Epitácio Pessoa (Paraíba). Há ramificações em Pernambuco para atingir o agreste para os rios Pajeú e Moxotó fazendo a ligação com o rio Ipojuca. A região que o eixo Leste abrange é de extrema miséria e o desenvolvimento tanto da agricultura quanto da indústria e da própria infraestrutura urbana foi prejudicado pela falta de água. Para evitar um colapso econômico da região de Campina Grande, onde vivem 800 mil pessoas em 18 cidades, a conclusão da obra foi acelerada. A região é dependente do açude Epitácio Pessoa que em março de 2017 estava no volume morto com 3% de água. Ao todo, o Eixo Leste possui 12 reservatórios, 6 estações de bombeamento e 5 aquedutos(SALOMÃO & FUKUDA, 2016).

A obra se iniciou em 2007 e a previsão inicial de conclusão era para 2010, ao custo de R$6,6 bilhões. Entretanto, em março de 2017 inaugurou-se o eixo Leste e até aquele momento o custo da obra era de R$10 bilhões. As empresas que participaram do consórcio inicial foram desabilitadas em 2013. Portanto, a pergunta sobre o sucesso do projeto paira no ar: do ponto de vista técnico, o prazo e o custo foram comprometidos; do ponto de vista econômico e social, o tempo dirá.

## 27. *Checklist* de Termo de Abertura do Projeto

O termo de abertura do projeto é um elemento fundamental para que a equipe e os clientes tenham uma compreensão comum dos aspectos que serão considerados no projeto. Em certa medida, as informações apresentadas no termo de abertura do projeto serão retomadas e detalhadas na declaração de escopo. O *checklist* tem o objetivo de orientar em linhas gerais o que o documento deve conter, mas pode e deve ser customizado em função das especificidades do projeto.

1. **Informações preliminares**

   Nome do projeto

   Versão do projeto

   Elaborado por

   Aprovado por

   Data de aprovação

2. **Informações gerais**

   Patrocinador: nome, e-mail e telefone

   Gerente do projeto: nome, e-mail e telefone

3. **Justificativa do projeto**

   Motivação do projeto

   Motivação da equipe

4. **Objetivos do projeto**

   Benefícios para os usuários

   Resultados esperados após a entrega do projeto

5. ***Stakeholders***

   Usuários diretamente atendidos

   Agentes públicos envolvidos

   Empresas envolvidas

6. **Escopo**

   Informar em linhas gerais os pacotes que deverão constar no documento de escopo do projeto

7. **Responsabilidade do gerente do projeto**

   Explicitar a formação da equipe

   Detalhar as atribuições e responsabilidades da equipe

8. **Equipe do projeto**

   Explicitar a formação da equipe

   Detalhar as atribuições e responsabilidades da equipe

9. **Planejamento inicial**

   Indicar em linhas gerais as principais datas e suas respectivas entregas relativas ao projeto

10. **Premissas**

    Descrever sucintamente o que será entregue

    Indicar a necessidade de capacitação ou conscientização do usuário

    Indicar ações de contingência para possíveis danos ao meio ambiente

11. **Restrições**

    Indicar a necessidade de autorizações por parte de agentes ou instituições públicas

    Indicar o tempo disponível para a realização do projeto

    Indicar a disponibilidade de mão de obra

    Indicar possíveis limitações financeiras do projeto

    Indicar sistemática de controle e acompanhamento de execução do projeto

12. **Estimativa de custos**

    Indicar uma estimativa de custos inicial sem detalhamento

13. **Aprovações**

    Indicar a necessidade de aprovações antes do início e durante a execução do projeto

## 28. Escopo do Projeto

O escopo do projeto está relacionado com os processos de gerenciamento de projetos de planejamento e controle. A partir das informações geradas pelo documento de integração do projeto, na fase de planejamento, define-se o escopo do projeto. A partir do desenvolvimento de uma declaração escrita do escopo como base para decisões futuras do projeto, a fase de controle visa monitorar as mudanças no escopo.

A declaração do escopo do projeto é uma descrição narrativa do trabalho requerido para o projeto, informando os objetivos, restrições e fatores críticos de sucesso do projeto. Deve garantir a documentação das expectativas das partes interessadas no projeto que pode auxiliar no processo de tomada de decisões futuras e promover a compreensão do escopo do projeto entre os envolvidos.

O gerenciamento do escopo do projeto assegura a inclusão do trabalho necessário, e tão somente o trabalho necessário, para complementar de forma bem-sucedida o projeto, definindo e controlando o que está ou não incluído no projeto. O documento do escopo do projeto pode conter as seguintes informações: título do projeto, contexto, as partes envolvidas, justificativa, objetivos, produto resultante, metas, entregas dos subprodutos ou produtos intermediários, premissas, limitações, restrições, estratégias, metodologia, equipe responsável e organização, responsabilidades pelo cliente e dos gerentes funcionais, fases do projeto, prazos máximos a serem atingidos, cronograma básico do projeto, custo ou meta de preço, riscos iniciais, fatores críticos de sucesso, exclusões específicas (escopo não incluído), embasamento teórico, referências e plano de gerenciamento de escopo (VARGAS, 2003; VERZUH, 2000).

Uma vez elaborada a declaração de escopo do projeto, ela pode ser submetida a um *checklist*:

1. O documento é detalhado o suficiente para permitir que uma terceira pessoa faça a sistematização do esforço necessário?
2. Está claro o que cada parte envolvida no projeto é obrigada a fazer e quando?
3. O critério para identificar se os resultados atenderam às expectativas (para cada parte envolvida) está claro?
4. Quando é necessário referenciar outros documentos, esta referência é bem descrita?
5. As instruções estão claramente diferenciadas de informações gerais?
6. Os requerimentos de cada "entregável" são divididos em fases no tempo?
7. A duração é especificada em dias úteis ou calendário?

As causas comuns de problemas de declaração de escopo estão relacionadas com misturar tarefas, especificações, aprovações e instruções especiais; uso de linguagem imprecisa (evitar palavras como "aproximadamente", "cerca de", dentre outras); falta de padrão, estrutura e ordem cronológica; falta de padronização na descrição de detalhes do trabalho a ser realizado; falha na solicitação de revisão por terceiros (VARGAS, 2003; VERZUH, 2000).

## 29. Escopo do Produto

O escopo do produto está relacionado com as características ou funcionalidades que caracterizam o produto ou serviço. No caso da construção civil, o memorial descritivo cumpre a função do escopo. Ele contempla todas as informações necessárias para a execução do projeto (arquitetônico, fundações, estrutural, instalações e acabamento). No caso da construção as informações sobre o escopo do produto detalham as características ou funcionalidades que o projeto do produto deve comtemplar em função das necessidades do cliente. As informações que permitem a caracterização do escopo do produto estão diretamente relacionadas com a própria caracterização do projeto do produto da construção civil que considera as características regionais para a identificação do sistema construtivo adequado, visando a racionalização da construção e a funcionalidade. Na reforma do Estádio do Maracanã para a Copa do Mundo de 2014, por exemplo, algumas das especificações do escopo do produto foram as seguintes:

- A capacidade do estádio deveria ser para 78.838 espectadores.
- Quatro novos conjuntos de rampas para acesso do público.
- As rampas monumentais leste e oeste dariam acesso ao 1°, 2° e 5° andares e deveriam ser reativadas para a Copa.
- Quatro novos conjuntos de escadas e elevadores melhorariam a circulação interna e facilitariam o acesso aos camarotes.
- Nova cobertura seria feita com o intuito de não interferir no desenho da fachada, pois ela é tombada pelo Patrimônio Histórico. A cobertura faria captação de energia solar a partir de cerca de 1.560 painéis voltaicos para gerar energia para 240 casas (consumo médio mensal estimado em 200 kwh) em um ano. A energia excedente seria vendida para o sistema público.

Outro exemplo é a reforma da Sala São Paulo, que é a sede e local oficial de ensaios e apresentações da Orquestra Sinfônica do Estado de São Paulo (OSESP):

- No hall de entrada foram instaladas janelas e portas de vidro especial para a contenção de som, vindos da Estação da Luz.
- As ranhuras e irregularidades da madeira que reveste os balcões e painéis do forro ajudam na difusão do som.
- O formato da sala segue o padrão "caixa de sapato", com o comprimento igual ao dobro da largura. A geometria da sala é considerada ótima para concertos.
- Piso flutuante, com camadas de neoprene e madeira, que isolam a sala das vibrações causadas pelo tráfego dos trens.

- O piano é erguido para o palco com a utilização de um elevador projetado para esse fim.
- O palco fica suspenso do piso do teatro, para amortizar vibrações.
- O coro possui três fileiras de plateia, destinadas também para o coro, e podem ser descidas para melhorar a acústica ou ampliar o palco para receber orquestras grandes.
- Há cortinas de veludo de 8 m de altura para eliminar o eco na sala.
- O forro é móvel, pois cada música foi composta para um tipo de espaço, com características de som únicas. Os 15 painéis que compõem o forro são móveis e podem ser ajustados para atender a demanda.

Em cada um dos exemplos abordados, observa-se que o escopo do produto não está relacionado com a realização do trabalho a ser feito, mas com a definição das características essenciais do produto.

## 30. Declaração do Escopo do Projeto

A declaração do escopo do projeto (*scope statement*) visa deixar claro o que o projeto deve atender. É uma descrição narrativa do trabalho requerido para o projeto que lista os objetivos, restrições e critérios de sucesso do projeto, definindo assim "as regras do jogo". Deve garantir que as expectativas de todos os interessados no projeto estejam documentadas, e fornecer uma base documental para tomada de decisões futuras do projeto e para confirmar e desenvolver um entendimento comum do escopo do projeto entre os *stakeholders*. A declaração do escopo do projeto enquanto um documento é o compromisso do gestor do projeto com o cliente. Nesse sentido, possui um caráter contratual legal entre ambos. Pode parecer simples definir o que a declaração deve conter, mas não é simples especificar uma declaração de escopo que garanta um nível de detalhamento adequado e a compreensão comum entre as partes envolvidas.

Em obras que são caracterizadas como sistema de grande projeto, cuja duração prevê a entrega de partes da obra ao longo de vários anos, essa declaração é bastante complexa. Muitas vezes, um descuido de linguagem pode causar prejuízos financeiros para o responsável pelo projeto. Deve-se evitar palavras que remetam a uma imprecisão de linguagem do tipo "todos", "qualquer", "longo prazo". A declaração de escopo deve especificar claramente o que será entregue. É comum durante a execução de uma obra haver mudanças de projeto que alteram a declaração de escopo.

No caso de uma obra como o Rodoanel Mário Covas, foram necessárias desapropriações de áreas com ocupação populacional, desmatamento de extensas áreas de mata nativa, com as suas respectivas compensações ambientais. No trecho Sul do Rodoanel de 57 km de extensão, foram executadas 114 obras de arte entre pontes, viadutos, passagens superiores e inferiores. É importante que a declaração de escopo, neste caso, esteja atenta para as datas fixadas pelo cliente e os prazos de contrato dos projetos. A sequência de chegada dos projetos deve ser definida, bem como o volume de recursos monetários associado ao empreendimento, o grau de dificuldade para obtenção de recursos (materiais, equipamentos, máquinas ou mão de obra), tamanho do ciclo de vida dos projetos, tempo de processamento (duração) das atividades, atividades com maior ou menor quantidade de trabalho remanescente a ser executado, grau de importância dada aos clientes, valor de dispêndios financeiros devido ao atraso, valor das multas por falta de cumprimento do prazo, disponibilidade de recursos financeiros, dentre outras questões.

Em obras residenciais, principalmente reformas, quem já não passou por esse problema? A declaração de escopo vai para o espaço quando, por exemplo, planejamos reformar o quarto das crianças. Quando o pintor termina o quarto, "já que" ele está ali, poderia pintar a casa toda, afinal, o quarto ficou tão bom, que o restante da casa parece suja. Ou mesmo durante a construção, você contrata um pedreiro que se compromete a fazer a casa inteira, mas quando a obra vai se aproximando do final, ele argumenta que a calçada é à parte, afinal, não faz parte da casa. O rufo e as calhas da casa ele não faz, é preciso chamar um calheiro; o assentamento do piso de madeira também está fora do orçamento dele, afinal, ele é pedreiro e esse é um serviço especializado. E quando ele fez o orçamento, ele já previa receber todas as armaduras montadas, já para concretar. Por tudo isso: antes de iniciar uma obra, coloque no papel cada etapa e discrimine o que deve ser executado.

## 31. Caso: Escopo do projeto é levado por ondas fortes

No escopo do projeto há um item específico que diz respeito aos riscos iniciais que devem ser apontados ainda na fase de projeto prevendo tanto a execução quanto a utilização pelo usuário. Mas, de acordo com os relatórios mensais de acompanhamento da execução da Ciclovia Tim Maia, a prefeitura do Rio de Janeiro não considerou as ondas fortes características do local no qual um trecho da ciclovia caiu.

De acordo com os documentos da prefeitura, os riscos apontados diziam respeito ao tráfego na Avenida Niemeyer e à inclinação da encosta. Os relatórios de abril a junho de 2015 da Secretaria Municipal de Obras e do consórcio responsável pela execução atestam que não havia riscos consideráveis. O relatório de abril, no item relativo à Descrição do Empreendimento, informa somente que o local é considerado uma "zona de respingo da maré, o que aumenta o grau de dificuldade de execução das obras". O relatório de junho de 2015 informa (REZENDE & PENNAFORT, 2016):

> a ciclovia em questão será construída em uma área de escarpas, exigindo cuidados adicionais na sua execução. A obra foi dividida em 15 trechos, cada qual com a sua peculiaridade geológica/geotécnica. A montante da avenida são verificadas vertentes côncavas, convexas, escarpas naturais e talvegues. Esses fatores tornam a região mais suscetível a deslizamentos de solo e de blocos soltos de rochas, pertencentes a falhas naturais. (REZENDE & PENNAFORT, 2016)

O que se observa neste caso é que há aspectos importantes na elaboração de qualquer projeto desta natureza. O primeiro passo seria fazer uma avaliação do choque das ondas nos últimos cinquenta anos, pois é um efeito recorrente naquele local. O segundo passo seria conduzir um projeto com base em simulações desses eventos, de forma a elaborar um plano contingência de riscos. Pelo fato de a ciclovia ser suspensa e estreita, a operação da ciclovia está sujeita às condições climáticas. Em caso de ressaca, tempestade com descargas atmosféricas ou vento acima de 30 km/h, a ciclovia deve ser interditada. Essa medida é adotada rotineiramente na pista Cláudio Coutinho na Urca (PITA, GRELLET & PENNAFORT, 2016).

A ciclovia tinha trincas antes da abertura. As falhas foram registradas próximas ao mirante do Leblon em relatório da 2ª Inspetoria Geral de Controle Externo do Tribunal de Contas do Município (TCM) do Rio de Janeiro, datado de julho de 2015. O TCM recomendou que as falhas fossem corrigidas para evitar "posterior" necessidade de manutenção, mas, mesmo assim, a obra foi aceita (AMORIM, THOMÉ & REZENDE, 2016).

Finalmente, há soluções possíveis para garantir a segurança da ciclovia, como colocar anteparos entre o mar e a pista, colocar um sistema de alerta para fechar a ciclovia. Após o desastre, a prefeitura informou que realizaria uma análise preliminar de risco para avaliar todas as falhas construtivas na ciclovia, os efeitos da corrosão, marés, vento e ondas (REZENDE & PENNAFORT, 2016).

O laudo técnico sobre o acidente apontou que a estrutura tinha 0,55 ton/m$^2$ no trecho que caiu, mas a pressão exercida pela onda foi de 3 ton/m$^2$. O histórico de ondas nos últimos 100 anos indica que a maior pressão exercida pelo impacto de uma onda já registrada foi de 4,4 ton/m$^2$. De acordo com o laudo, a reconstrução do trecho deve considerar um fator de segurança elevado, o que demanda uma estrutura de 6,6 ton/m$^2$. Finalmente, o laudo sugere que seja utilizado um sistema de alerta para interrupção do trânsito na ciclovia em períodos de ressaca (LEAL, 2016).

## 32. Caso: Escopo do produto é esquecido na água doce

Quais as especificações necessárias para um centro de pesquisa focado na biodiversidade da região do Pantanal? Em 2011 o Governo do Estado de Mato Grosso do Sul concluiu a licitação para construção do Aquário do Pantanal, localizado em Campo Grande, capital do estado, assinando contrato com a construtora vencedora, com obras iniciadas em abril de 2011. Passados sete anos, a obra ainda não foi entregue, após sucessões de falhas observadas no processo.

O Aquário do Pantanal foi lançado como um empreendimento que atendia a uma dupla função: atração turística e geração e difusão do conhecimento sobre a biodiversidade local, com foco na biodiversidade aquática.

O termo de referência publicado, contendo as especificações do escopo do produto, definia uma área de construção de aproximadamente 19.000 m², sendo:

- Área de galeria de aquários.
- Centro de conhecimento e divulgação científica da biodiversidade local.
- Centro de negócios.

O orçamento original da obra, apresentado pela empresa vencedora do processo de licitação foi de R$84.749.754,23. Durante a execução das obras observou-se uma série de questionamentos por parte da empresa, gerando atrasos no cronograma e, inclusive, gerando demandas judiciais das partes envolvidas.

A complexidade do escopo do produto faz jus à diversidade aquática da região do Pantanal. A área de galeria de aquários deveria comportar 24 tanques para peixes, com capacidade superior à 6 milhões de litros de água, demandando, portanto, especificações próprias e, consequentemente, ampliação e refinamento do escopo do produto. Os tanques deveriam prever um sistema de suporte à vida (SSV), abrangendo um conjunto de subsistemas que se complementariam, atuando de forma integrada, garantindo a manutenção e qualidade da água e da vida dos animais que habitarão cada um dos tanques, inclusive, com a devida transparência da água para visitação do público.

A indefinição do escopo do produto quando do desenvolvimento dos projetos resultou em atrasos na execução das obras, paralisações devido à questionamentos judiciais e substituição da empresa vencedora da licitação, incluindo suspeitas de desvios de recursos.

## 33. *Checklist* de Declaração de Escopo*

Este *checklist* contém aspectos que devem ser contemplados em linhas gerais, que podem e devem ser adaptados em função das especificidades de cada projeto.

1. **Título do projeto**
2. **Apelido**
3. **Contexto**: descreve informações sobre a situação que motivou a criação do projeto, relacionamento com projetos anteriores, descrição da origem da ideia ou contribuição para a obtenção de metas estratégicas.
4. **Partes Envolvidas (interessados)**: apresenta pessoas e instituições que podem ser afetadas com a realização deste projeto. Exemplos: patrocinador do projeto (pessoa que apoia o projeto e principal beneficiária); clientes; áreas da empresa afetadas pelo projeto; empresas parceiras que deverão colaborar com o projeto. Este item pode ser desmembrado em vários itens.
5. **Justificativa**: apresenta os requisitos do negócio que o projeto deve atender. Deve-se contemplar os requisitos do ponto de vista de todos os interessados e da comunidade em geral.
6. **Objetivos**: apresenta uma visão ampla do que se deseja conseguir com o projeto.
7. **Produto(s) resultante(s)/metas**: descreve os resultados finais que se pretende atingir com o projeto, incluindo, além de resultados físicos, serviços associados.
8. **Entregáveis (*deliverables*)/subprodutos (ou produtos intermediários)**: descreve um resultado verificável, isto é, um bem físico (etapa da obra concluída etc.) ou um estado (estação de metrô em operação etc.) que, junto com outras entregas, resultarão em um produto específico do projeto. As entregas estão, portanto, relacionadas com um único produto.
9. **Premissas, limitações e restrições**: define as afirmações que deverão ser assumidas como verdadeiras para a realização do projeto. (Exemplo: o tipo de recursos disponíveis no canteiro de obras.) Ou então das listas dos limites do presente projeto (aquilo que ele não pretende atingir) e condições que restringem a sua realização.
10. **Estratégias**: define as estratégias genéricas para a realização do projeto, quando for o caso. Por exemplo, serão contratados serviços de terceiros,

* Adaptado de Amaral et al. (2011).

serão realizadas reuniões semanais, a equipe ficará totalmente dedicada ao projeto.

11. **Metodologia**: descreve métodos ou padrões de desenvolvimento a serem adotados durante a execução do projeto.
12. **Equipe responsável/organização**: define os times, pessoas, seus papéis, contribuição de cada um e responsabilidades. Pode ser apresentada na forma de uma tabela.
13. **Responsabilidades pelo cliente**: em determinados projetos é comum a necessidade de explicitar detalhadamente a responsabilidade do cliente.
14. **Responsabilidades dos gerentes funcionais**: da mesma forma que se faz necessário detalhar a responsabilidade do cliente, pode-se fazê-lo em relação aos gerentes funcionais (gerentes de área).
15. **Fases do projeto**: projetos complexos podem ser desmembrados em fases. Neste caso, é comum que apenas parte delas estejam detalhadas com entregas e prazos. As demais seriam detalhadas após.
16. **Prazos máximos a serem atingidos ou cronograma básico do projeto**: define os prazos máximos para a entrega dos principais produtos e entregas do projeto (*deliverables*). Pode ser apresentado na forma de uma tabela ou como um cronograma mais simplificado do projeto.
17. **Custo/preço meta**: estabelece valores meta para custos do projeto que deverão ser respeitados.
18. **Riscos iniciais**: descreve os principais riscos identificados no projeto.
19. **Fatores críticos de sucesso**: descreve as atividades ou entregas cuja execução possui influência fundamental no desempenho do projeto. A inclusão deste item auxilia na comunicação destes aspectos para todos os envolvidos, reforçando o cuidado na sua realização.
20. **Exclusões específicas (escopo não incluído)**: descreve os pontos que o projeto NÃO deverá atender, mas que se supõe que possam ser considerados como inclusos por fatores culturais, termos com significado similar ou razões históricas (em outros projetos estava incluído, por exemplo).
21. **Embasamento teórico/referências**: deve-se citar a revisão bibliográfica realizada (quando for o caso). Normalmente este item cita um anexo mais extenso ou outro trabalho relacionado. Aqui podem ser incluídos detalhes auxiliares como: pareceres de especialistas, registros de escolhas de alternativas e análises de custo/benefícios.

22. **Plano de gerenciamento do escopo**: define como o projeto será controlado e como as mudanças serão solicitadas, avaliadas e implementadas, incluindo a definição do responsável e como as mudanças serão aprovadas.

## 34. Saídas do Detalhamento do Escopo

Normalmente as saídas do detalhamento de escopo remetem à Estrutura Analítica do Projeto. Entretanto as saídas do detalhamento do escopo também estão relacionadas com um dicionário das terminologias empregadas; a definição de uma linha base do projeto; e a atualização permanente dos documentos, uma vez que a única certeza do planejamento do projeto é que em algum momento ocorrerá uma falha e as ações de controle precisarão reprogramar as atividades.

O dicionário das terminologias empregadas garante uma compreensão comum de definições pelas partes envolvidas no projeto. Na construção civil a questão de terminologia gerou muito debate na década de 1990, principalmente, nas questões relacionadas com o gerenciamento de obras, pois há profissionais com formações nas áreas de arquitetura e de engenharia de produção que atuam profissionalmente na área. Por exemplo, a definição de sucesso do projeto deve estar associada a entregar no prazo prometido, dentro do custo planejado e com a qualidade esperada. O dicionário apresenta o detalhamento necessário para cada elemento da EAP a fim de informar a equipe do projeto. Contém informações sobre como o trabalho será realizado, questões técnicas e até de execução.

A linha de base do projeto apresenta um instantâneo do cronograma do projeto para efeitos de aprovação, com as datas de início e de término das atividades para avaliar o andamento do projeto e eventuais situações de repactuação dos seus prazos entre o patrocinador e os demais envolvidos. Ela mostra os detalhes do projeto, e apresenta como os prazos, os custos, o escopo e a EAP vão se comportar ao longo da execução da obra. A linha de base também pode contemplar os riscos envolvidos no projeto. Um subsídio importante para a elaboração da linha de base é considerar a forma de comunicação com a equipe, o que deve ser comunicado e em que momento deve ser comunicado. A linha de base estabelece uma referência que orienta o processo de execução do projeto.

A atualização dos documentos é uma atividade bastante precária em obras de construção civil. É comum você entrar no escritório da obra e observar o gráfico de Gantt da obra fixado na parede. Contudo, preste atenção, chegue mais perto, leia a data no canto inferior direito da folha, de quando ela foi gerada e você verá que ela está lá desde o início da obra. Esse relato é uma experiência pessoal minha. Quando perguntei ao engenheiro se aquele gráfico estava atualizado, ele disse que ele nem olhava mais para o que estava ali. A gestão de projetos deve estar atenta a isso. Uma documentação benfeita de um projeto enquanto empreendimento é fundamental para que os profissionais da empresa aprendam com as execuções de projetos anteriores e possam melhorar a execução de projetos futuros.

A documentação gerada durante o projeto é fundamental para permitir intervenções pontuais em problemas específicos. Sem uma linha de base, fica difícil recuperar a informação da situação inicial do projeto. A cada entregável o projeto se modifica paulatinamente e a linha de base permite visualizar o que foi executado em relação ao que foi planejado e encaminhar soluções de controle para a correção do planejamento.

Fazendo um paralelo histórico, quão importante seria se tivesse chegado até nós as saídas do detalhamento de escopo das pirâmides do Egito em relação ao seu processo construtivo, dos aquedutos romanos que transportavam água por gravidade por todo o continente europeu?

## Referências

AMARAL, D.C. et al. (2011) Gerenciamento ágil de projetos: aplicação em produtos inovadores. São Paulo: Saraiva, p. 240.

AMORIM, D.; THOMÉ, C.; REZENDE, C. (2016) Ciclovia tinha trincas antes da abertura. O Estado de São Paulo, metrópole, A19, 24 de abril.

BRASIL. Governo do Estado de Mato Grosso do Sul. Disponível em: <http://www.ms.gov.br/definidas-empresas-que-vao-concluir-o-aquario-do-pantanal/>. Acesso em: 30 de maio de 2018.

BRASIL. Governo do Estado de Mato Grosso do Sul. Instituto de Meio Ambiente de Mato Grosso do Sul. Disponível em: <http://www.imasul.ms.gov.br/aquario-do-pantanal/>. Acesso em: 30 de maio de 2018.

FOLHA DE S. PAULO. (2013) Cornell NYC-Tech: Nova York cria universidade de ponta para se tornar polo tecnológico. Ilustríssima, p. 6, 20 de janeiro.

LEAL, L.N. (2016) Rio: ciclovia que desabou deveria ter resistência 12 vezes maior. O Estado de São Paulo, metrópole, A23, 21 de maio.

PENAFORT, R. (2016) VLT do Rio será aberto dia 22 em meio a polêmicas. O Estado de São Paulo, metrópole, p. A23, 8 de maio.

PEREIRA, R. (2016) Falta de planejamento trava projetos no meio do caminho. O Estado de São Paulo, Economia, B7, 3 de julho.

PITA, A.; GRELLET, F.; PENNAFORT, R. (2016) Para secretário do Rio, ressaca é "evento" novo; Polícia apura homicídio culposo. O Estado de São Paulo, metrópole, A16, 23 de abril.

PORTAL G1. (2016) Obras para maior barragem do ES vão custar R$6,1 milhões. URL: http://g1.globo.com/espirito-santo/agronegocios/noticia/2016/11/obras-para-maior-barragem-do-es-vao-custar-r-61-milhoes.html. Acesso em: 15 de setembro de 2017.

PMI (Project Management Institute). (2017) Um guia de conhecimento em gerenciamento de projetos (guia PMBok). 6ª ed. Pensilvânia: PMI.

REZENDE, C.; PENNAFORT, R. (2016) Obra de ciclovia não considerou ondas fortes. O Estado de São Paulo, metrópole, A20, 27 de abril.

SALOMÃO, A.; FUKUDA, N. (2016) O Velho Chico chegou. O Estado de São Paulo, Economia, B4, 12 de março.

SAMPAIO, J.L. (2017) Retorno às origens. O Estado de São Paulo, Caderno 2, C4, 27 de novembro.

VERZUH, E. (2000) MBA compacto, gestão de projetos. Rio de Janeiro: Elsevier.

VARGAS, R.V. (2005) Gerenciamento de projetos: estabelecendo diferenciais competitivos. Rio de Janeiro: Brasport.

WIKIPÉDIA. Transposição do rio São Francisco. URL: https://pt.wikipedia.org/wiki/Transposi%C3%A7%C3%A3o_do_rio_S%C3%A3o_Francisco. Acesso em: 14 de junho de 2017.

# Capítulo 3

# ESTRUTURA ANALÍTICA DO PROJETO

## Resumo

Do que se trata a estrutura analítica de projeto (EAP)? Como montar uma EAP? Quais são os *inputs* e *outputs* dessa etapa do gerenciamento do escopo do projeto? Criar a EAP é o processo de subdivisão das entregas e do trabalho do projeto em componentes menores e de gerenciamento mais fácil. A estrutura analítica do projeto (EAP) é uma decomposição hierárquica orientada às entregas do trabalho a ser executado pela equipe para atingir os objetivos do projeto e criar as entregas requisitadas, sendo que cada nível descendente da EAP representa uma definição gradualmente mais detalhada da definição do trabalho do projeto. A declaração do escopo, requisitos, premissas e ativos de processos organizacionais são entradas para a decomposição que vai gerar a EAP, o dicionário, a linha de base e atualização de documentos.

## Objetivos instrucionais

Apresentar os principais conceitos relacionados com estrutura analítica de projeto (EAP) e gerenciamento do escopo do projeto aplicados à construção civil.

## Objetivos de aprendizado

Após a leitura deste capítulo espera-se que o leitor seja capaz de:

* Compreender os processos de gerenciamento de projeto.
* Compreender a EAP, seus objetivos, componentes e como elaborá-la.

## 35. Estrutura Analítica do Projeto (EAP)

A estrutura analítica do projeto – EAP (*work breakdown structure* – *WBS*) pode ser definida como uma decomposição hierárquica que é voltada para a entrega do trabalho a ser executado por um projeto. A EAP volta-se para o cumprimento dos objetivos do projeto, criando as entregas necessárias.

A decomposição hierárquica está relacionada com a ideia de haver um projeto maior, que pode ser subdividido em partes entregáveis, que se caracterizam por serem relativamente independentes entre si. Há recursos próprios associados à decomposição hierárquica. As partes entregáveis possuem um conjunto de atividades que podem estar relacionadas com uma sequência predefinida no tempo, mas que nesse momento de elaboração da EAP, não é a motivação principal. Cada parte entregável se configura como um pacote para direcionar o gerenciamento e que permite avaliar o andamento para a completude do projeto. Cada entregável deve respeitar as especificações técnicas que estão vinculadas ao escopo do produto. As especificações técnicas associadas aos entregáveis permitem avaliar se quem está recebendo o serviço concorda com o que está sendo executado. É importante assegurar que a decomposição hierárquica orientada à entrega do trabalho represente o trabalho como atividades, cujos resultados sejam tangíveis ou mensuráveis e relacionados com os entregáveis.

A partir dessas informações, parte-se do projeto como um todo, para a decomposição em entregáveis (por vezes, subentregáveis), pacotes de tarefas e atividades.

Ao conceber uma EAP, um questionamento comum é relativo ao nível de detalhamento da EAP. Até que ponto vale a pena detalharmos os entregáveis ou até que ponto devemos subdividir as atividades para obtenção da base da EAP. Existem orientações gerais como a regra 8-80, pela qual uma pacote de tarefas, que representa um conjunto de atividades, deve ter sua duração entre 80 horas (limite máximo) e 8 horas (duração mínima). Outra orientação geral é em relação ao equilíbrio entre o número de entregáveis e o número de pacotes de tarefas, de tal forma, que visualizando a EAP, por meio de um diagrama, não deveríamos encontrar um diagrama "achatado", com muitos entregáveis e poucos pacotes de tarefas associados a cada entregável, e nem um diagrama excessivamente verticalizado, com poucos entregáveis e muitos pacotes de tarefas associados a cada entregável. No entanto, são orientações gerais que, em função das diferentes naturezas de projetos e culturas de gestão empresarial, sofreram adaptações e orientações específicas. Um fator decisivo para definição do detalhamento da base da EAP (das atividades) é a frequência de controle que será utilizada para acompanhamento da evolução do projeto. Para cada subsetor da construção civil os controles são diferentes. Em obras caracterizadas como sistema de grande projeto, como a execução de uma obra de metrô, o horizonte de tempo de execução de uma linha pode ser de até 4 anos. Para uma hidrelétrica, o horizonte de execução pode ser de 10 anos. Assim, o ajuste da duração das atividades em harmonia com as diferentes necessidades e frequências de controle exigidas pelas distintas obras, ou etapas das obras, poderá ser definido entre dias, semanas e até meses. A frequência de controle é um fator determinante para o nível de detalhamento da EAP.

Em linhas gerais, o objetivo da EAP é assegurar que o projeto inclua todo o trabalho necessário e não inclua trabalho além do necessário, buscando auxiliar na facilitação da gestão do projeto. Ela servirá de base para: a geração do cronograma que permitirá monitorar o progresso do projeto, apresentar o detalhamento dos custos e recursos, auxiliar na montagem e controle das equipes de trabalho, a gestão de riscos, planejamento das aquisições e outras atividades mais.

Nota: EAP = WBS

## 36. Componentes da EAP

O PMI criou o PMBOK para sistematizar a terminologia empregada por profissionais da área de gestão de projetos. Os componentes da estrutura analítica do projeto (EAP) são o produto, o produto do projeto, os entregáveis e os pacotes de trabalho.

O produto é "um objeto produzido, quantificável e que pode ser um item final ou um item componente do projeto" (PMBOK, 2017). O produto na construção civil normalmente é uma obra executada. Portanto, o produto na construção civil é um elemento que modifica o ambiente no qual está inserido e a maneira como as pessoas se relacionam com esse ambiente.

No entanto, diferentemente de outros setores da economia, o produto da construção civil interage com o usuário biunivocamente. Um produto cuja concepção considerou as necessidades de funcionalidade torna, por exemplo, a circulação e atendimento a pacientes em um hospital mais fácil e racional, uma escola com espaços adequados de aprendizado e lazer, uma moradia que atende às necessidades da família em termos de quantidade, qualidade e utilização dos cômodos, um usuário que se orienta sozinho em uma estação de metrô, a frequência em uma praça pela população que tem a sua disposição um local para conversar, levar as crianças para brincar, ou mesmo, praticar esportes ou uma sinalização adequada que garante conforto e segurança ao motorista em uma rodovia expressa.

O produto do projeto é "um objeto produzido, quantificável e que seja um dos resultados principais do projeto, na acepção do cliente" (PMBOK, 2008). O produto do projeto, no caso da construção civil, tem como resultado principal a obra em si. Entretanto, como podemos observar no caso das obras para a Olimpíadas de 2016, seus produtos vão além, pois terminada as Olimpíadas, as edificações deveriam estar adequadas para a utilização cotidiana como escolas, centros esportivos e habitações multifamiliares (que bom se, hoje, pudéssemos constatar na íntegra este legado planejado). Nesse caso, portanto, a finalização das obras para as Olimpíadas é somente uma das entregas do produto do projeto.

O entregável (*deliverable*) é "qualquer produto, resultado ou capacidade para realizar um serviço exclusivo e verificável que devem ser produzidos para terminar um processo, uma fase ou um projeto" (PMBOK, 2017). A identificação de um entregável em uma obra de construção civil pode estar associada às próprias etapas da obra. Mas isto não é uma regra. Há entregáveis associados à mobilização de equipamentos, aquisição de materiais e subcontratação de serviços específicos. A regra que precisa ser respeitada na concepção de uma EAP é a de completude, pela qual um item "pai" na estrutura da EAP é formado pelo somatório dos itens "filhos", ou seja, se todas as entregas e ou execução de atividades estiverem completas, garantiremos a entrega do serviço e ou entregável "pai".

O pacote de trabalho (*work package*) é "uma entrega ou componente do trabalho do projeto no nível mais baixo de cada ramo da estrutura analítica do projeto. O pacote de trabalho inclui atividades do cronograma e os marcos do cronograma necessários para terminar a entrega do pacote de trabalho" (PMBOK, 2017). O pacote de trabalho encerra um conjunto de atividades na construção civil que permite visualizar o estágio em que a obra se encontra em relação ao que foi previsto. Neste caso, está diretamente relacionado com o cronograma físico-financeiro da obra e normalmente a sua aferição é feita por medições.

## 37. Representação da EAP

A representação da estrutura analítica do projeto (EAP) é uma etapa importante, pois a clareza com que as informações são apresentadas facilita a verificação dos entregáveis e de todo o trabalho a ser executado. Há basicamente duas maneiras de representar a EAP: na forma de lista e na forma de diagrama.

A representação da EAP em forma de lista é uma alternativa que prescinde de elementos gráficos (como é o caso da representação por diagrama, cuja linguagem de comunicação é eminentemente escrita, textual). Entretanto, para fins de estabelecer níveis hierárquicos, a lista é indexada por itens e subitens numéricos. Entretanto, é importante limitar o número de níveis de detalhamento para o rastreamento da EAP, pois níveis excessivos podem induzir a uma certa confusão.

A representação da EAP em forma de diagrama é, provavelmente, a mais difundida pelos profissionais da área de gestão de projetos. O diagrama é representado a partir de uma estrutura hierárquica de blocos, muito similar a outras estruturas *breakdown*, utilizadas na gestão empresarial, como por exemplo, os organogramas ou as BOMs (*bill of materials*).

A EAP, em forma de diagrama, parte do produto do projeto no nível 1 (bloco único), desdobra-se nos entregáveis no nível 2, que por sua vez, desdobram-se no nível 3 nos pacotes de trabalho, chegando ao nível 4, no nível das atividades, a base da EAP. Essa decomposição proposta não se aplica a todos os entregáveis e pacotes de trabalho, pois nem sempre todos demandam os mesmos níveis de detalhamento. A mesma recomendação em relação à quantidade de níveis deve ser observada neste caso. A descrição de cada elemento deve ser feita internamente nos blocos. A vantagem deste tipo de representação é a identificação visual imediata dos diferentes níveis da EAP.

Relembrando que uma das principais finalidades da EAP é apresentar todo o trabalho a ser executado, ela pode ser anexada à declaração de escopo, enriquecendo as informações associadas ao escopo do produto e escopo do projeto. O único cuidado a ser tomado é não levar toda a EAP com todos os seus níveis para a declaração de escopo. A declaração de escopo visa harmonizar as expectativas das partes interessadas e, portanto, não tem interesse em saber detalhes sobre como o trabalho será executado (pacotes de trabalho e atividades) e, sim, quais serão os entregáveis e subentregáveis (se houver). Então, realiza-se um recorte na EAP, separando os níveis superiores para serem anexados à declaração de escopo, e a EAP completa, com todo o seu detalhamento, fica para os níveis mais operacionais, para quem irá executar o projeto.

Independentemente do tipo de representação da EAP é importante observar algumas dicas para a elaboração. Cada elemento deve ser claramente definido e significar um resultado único. Cada elemento de um nível superior deve significar o resultado da agregação dos resultados de todos os níveis inferiores. Cada elemento-filho deve se relacionar com um único elemento-pai. Todos os entregáveis do projeto devem estar incluídos na EAP. O número de subitens em um determinado nível deve ser planejado para que não seja tão grande a ponto de tornar impossível o gerenciamento; nem seja tão pequeno a ponto de gerar mais entregáveis no projeto do que o gerente é capaz de controlar. A omissão de dados é o erro mais comum e deve ser evitado. Uma forma de se evitar isso é criando estruturas padrões para os diferentes projetos da empresa. Em projetos complexos e multidisciplinares deve-se criar um dicionário da EAP, que deve conter uma descrição mais detalhada de cada componente e informações adicionais como custos, prazos e pessoal, por exemplo.

## 38. Caso: Ponte estaiada Octávio Frias de Oliveira

A ponte estaiada Octávio Frias de Oliveira mobilizou 430 trabalhadores na fase de maior movimento. O mastro, em forma de "X", tem 138 m de altura e o volume de concreto utilizado foi de 58.700 $m^3$. A iluminação é feita por 206 luminárias — com tecnologia LED (diodo emissor de luz) que representa economia de 53% de energia. A ponte é constituída por 144 estais — conjuntos de cabos de aço, revestidos de polietileno, que mantêm as duas vias suspensas. Em função da curvatura das pistas, todos os cabos possuem comprimentos distintos que variam de 79 a 195 m (ZANCHETTA & BRANDALISE, 2008).

A solução construtiva foi inédita para os padrões brasileiros. Era preciso escoar trânsito na avenida, mas com o menor impacto urbanístico possível. O arquiteto João Valente propôs duas pistas inclinadas em curva. Neste caso, a pista em curva exige dimensões diferentes para cada um dos estais. As duas pistas definiram a altura do mastro e a sua divisão longitudinal. Assim, a obra fugiu do padrão tradicional das pontes paulistanas, fixadas com pilastras no leito do rio e completadas por alças para ambas as direções em cada extremidade. A definição da cor amarela visava dar leveza ao entrelaçamento dos estais, como se fosse uma bruma pairando no ar (PIZA, 2007).

### Exemplo

A título de exercício didático, a Estrutura Analítica do Projeto (EAP) da ponte estaiada Octávio Frias de Oliveira poderia considerar, no seu primeiro nível, três entregáveis: a torre, o tabuleiro e os estais montados. Cada entregável se desdobra em pacotes de trabalho. Para uma EAP, em nível gerencial, a definição até o terceiro nível é suficiente. Para um nível operacional, devemos detalhar cada pacote de trabalho, definindo as atividades necessárias a serem executadas. A título de exemplo, detalharam-se os pacotes de trabalho para obtenção dos lances 1 e 2, dentro do entregável.

Note que nesta descrição nem todas as atividades estão diretamente relacionadas com a execução da obra; algumas são atividades auxiliares como limpeza e formas metálicas ou mesmo de montagem de equipamentos como a montagem da grua. No entanto, colocadas dessa forma, dão uma ideia razoavelmente boa do que deve ser entregue na obra para que o projeto seja concluído. A Figura 3.1 apresenta a representação da EAP em forma de diagrama.

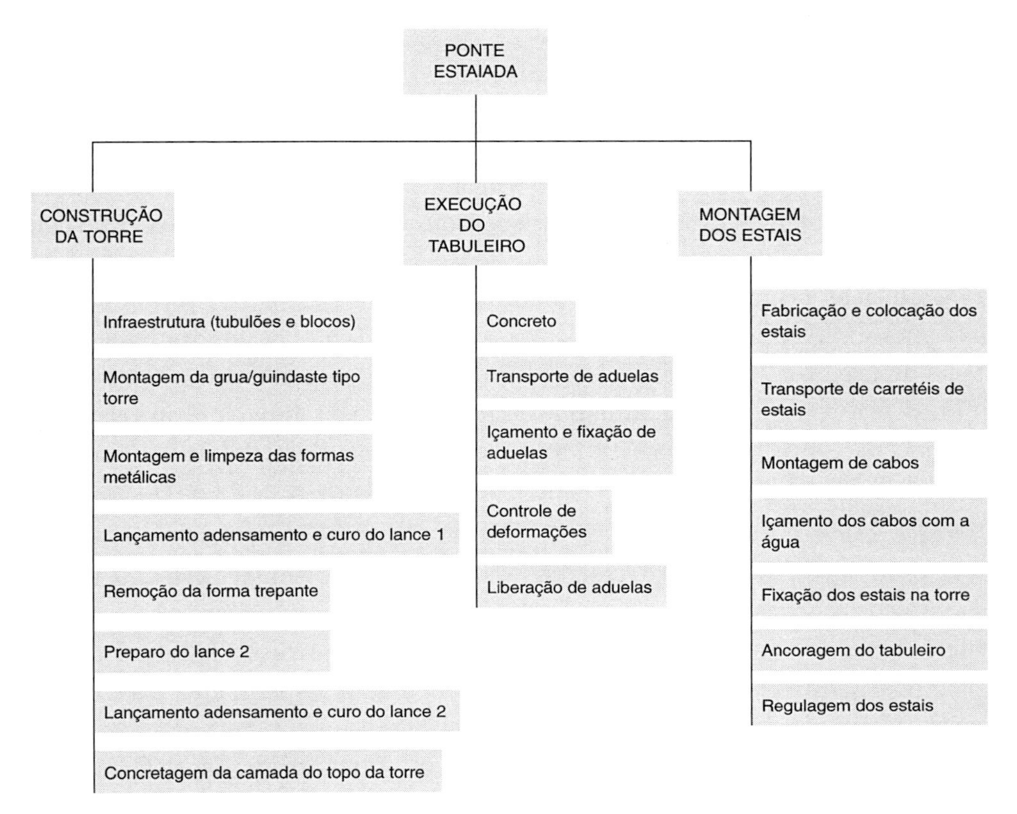


**Figura 3.1:** Representação da EAP em forma de diagrama.

## 39. Caso: Expresso Tiradentes

O Expresso Tiradentes é o nome pelo qual é conhecido o VLP da cidade de São Paulo atualmente, mas no início era chamado fura-fila. É um sistema de transporte de média capacidade cuja construção teve início em meados de 1997. O objetivo do projeto é ligar o bairro do Sacomã ao Parque Dom Pedro II, fazendo integração com outras modalidades de transporte, como alternativa para o translado de moradores da região leste, principalmente da cidade Tiradentes. A construção do Expresso Tiradentes adotou uma solução construtiva para as fundações profundas, baseada em estacas de grande dimensão e elevada capacidade de carga, conhecido popularmente como "estacão". Apesar do uso difundido deste tipo de estaca, trata-se de um elemento estrutural inacessível para inspeções destinadas à avaliação de durabilidade. Em função desta limitação, implanta-se pelo menos um controle da resistência do concreto durante a execução.

Como exercício didático, considerando o processo construtivo e as necessidades de execução de uma estaca desta natureza, a linha do Expresso Tiradentes poderia apresentar um diagrama para sua EAP. É importante salientar que os aspectos de controle da engenharia construtiva dizem respeito aos materiais de preenchimento dos furos relativos a argamassa injetada, quantidade de areia, quantidade de água resultante da umidade da areia e do concreto adensável. O controle da resistência das estacas executadas observa a resistência da argamassa injetável e o controle do concreto autoadensável. Esses controles são imprescindíveis para a execução e, mesmo assim, o construtor tem a liberdade para fixar a metodologia construtiva que julgar mais apropriada. A Figura 3.2 representa a EAP referente às estacas.

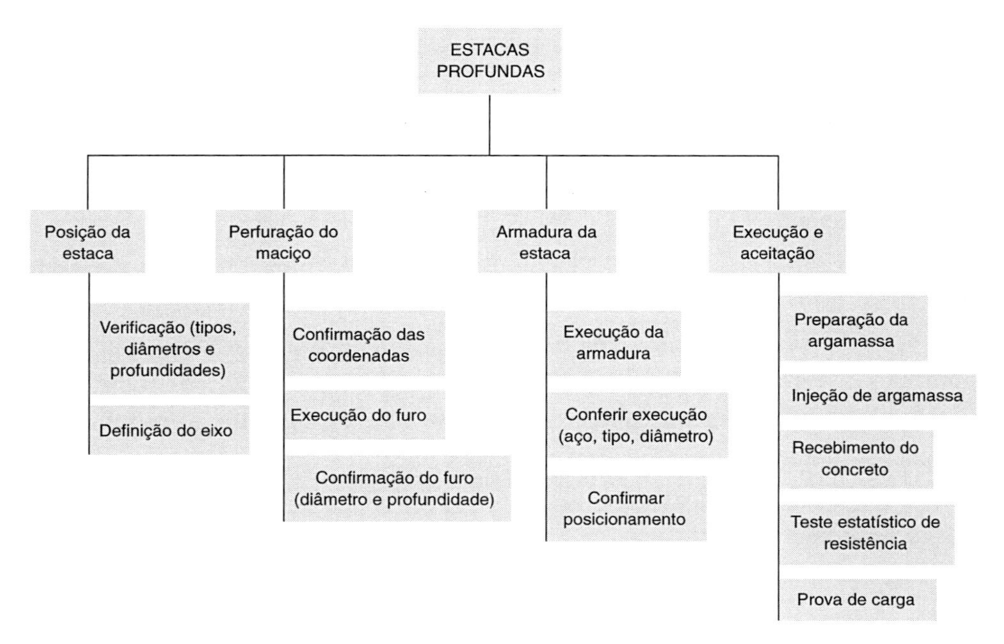


**Figura 3.2:** Representação da EAP de execução de estacas.

## 40. Caso: Base Comandante Ferraz, na Antártida

O Tratado Antártico estabelecido em 1959 promoveu o direcionamento dos interesses da região para fins de pesquisa científica. O Brasil assinou esse Tratado em 1975 e desenvolve pesquisas na região. A Comissão Interministerial para os Recursos do Mar coordena o Proantar (ASCOM MICT, 2017).

A base brasileira na Antártida foi completamente destruída durante um incêndio em 25 de fevereiro de 2012. Em 2013, houve um concurso promovido para a construção da nova estação. Dadas as condições especiais climáticas, foi fundamental pensar durante a sua concepção o tipo de sistema construtivo e as soluções de transporte e construção. As condições topográficas da Península Keller, bem como a minimização do impacto ambiental foram algumas premissas.

A reconstrução da estação permitirá a continuidade de pesquisas nas áreas de biologia, meteorologia, aeronomia e relações Sol e Terra, que se iniciaram em 1984 e foram descontinuadas com o incêndio em fevereiro de 2012 (ASCOM MICT, 2017).

A estação original começou a operar com 8 laboratórios em 6 de fevereiro de 1984, em uma área de 2.500 m$^2$. O projeto da nova estação prevê 18 laboratórios e salas de apoio. Um fator limitante para a construção da nova estação é que ela só pode ser realizada nos verões antárticos (outubro a março). O sistema construtivo é baseado em estrutura metálica pré-montada. Optou-se pela utilização de uma seção construtiva contínua em grande parte do edifício.

A estratégia central neste aspecto é a repetição dos componentes e sistemas construtivos para facilitar a montagem e garantir o desempenho do edifício, ao mesmo tempo racionalizando os processos de fabricação. As estruturas principais são pensadas em aço de alta resistência à corrosão e ao clima frio, tratado de maneira à minimizar a necessidade de manutenção. A estrutura em aço de suporte aos pisos é constituída de treliças posicionadas em grelha e está modulada em painéis de 600 cm x 1.200 cm, podendo ser pré-fabricadas antes de transportadas ao local de implantação (DELAQUA, 2013).

O edifício está organizado segundo unidades autônomas que possuem sistemas individualizados de combate a incêndio (DELAQUA, 2013).

A construção modular prevê a construção fora do continente, transportada por navio em partes e montada na Antártida. A construção já contará com instalações de esgoto, energia elétrica e ventilação, e os dormitórios virão equipados. A aerodinâmica do prédio permitirá ao vento passar sem obstáculos e o projeto estrutural minimizará o acúmulo de neve e gelo. Os ambientes serão montados em contêineres e estarão equipados com as instalações de água, esgoto, energia elétrica e ventilação. A espinha dorsal inferior será montada com as tubulações de esgoto. A espinha dorsal superior será montada com as tubulações de energia e ventilação. O revestimento externo oferece isolamento e proteção contra frio (ESCOBAR, 2014).

A segurança com relação a incêndios da Estação Comandante Ferraz baseia-se nos princípios de setorização/isolamento de riscos, promoção de barreiras corta-fogo, e adoção de sistemas complementares de combate a incêndio. O sistema principal utilizado é o de chuveiros automáticos, mas em alguns casos específicos (motores, caldeiras, geradores e controle) são utilizados sistemas do tipo *watermist*, complementados com o uso de agentes limpos do tipo FM-200, utilizados para extinção de fogo. Para o isolamento dos setores da estação são previstas paredes pré-fabricadas em concreto celular com 10 cm de espessura, que podem resistir a até 380 minutos de fogo. Nestes pontos, onde também estão posicionadas as principais saídas de emergência, existem antecâmaras com portas corta-fogo (DELAQUA, 2013).

A Figura 3.3 apresenta uma EAP simulada para a base brasileira na Antártida. A construção da base da Comandante Ferraz depende da pré-fabricação dos módulos, transporte marítimo, montagem dos módulos e das instalações e equipamentos. A pré-fabricação dos módulos depende de um projeto detalhado, comprar insumos, fabricar estruturas e fabricar contêineres. O transporte marítimo depende da definição de data, frete do navio, carregamento, translado e desembarque. A montagem dos módulos é feita a partir da estrutura de fundação, contêiner, treliça de sustentação, treliça do telhado revestimento. As instalações e equipamentos dizem respeito a instalação elétrica, instalações hidráulicas e sanitárias, rede lógica, refrigeração e equipamentos.

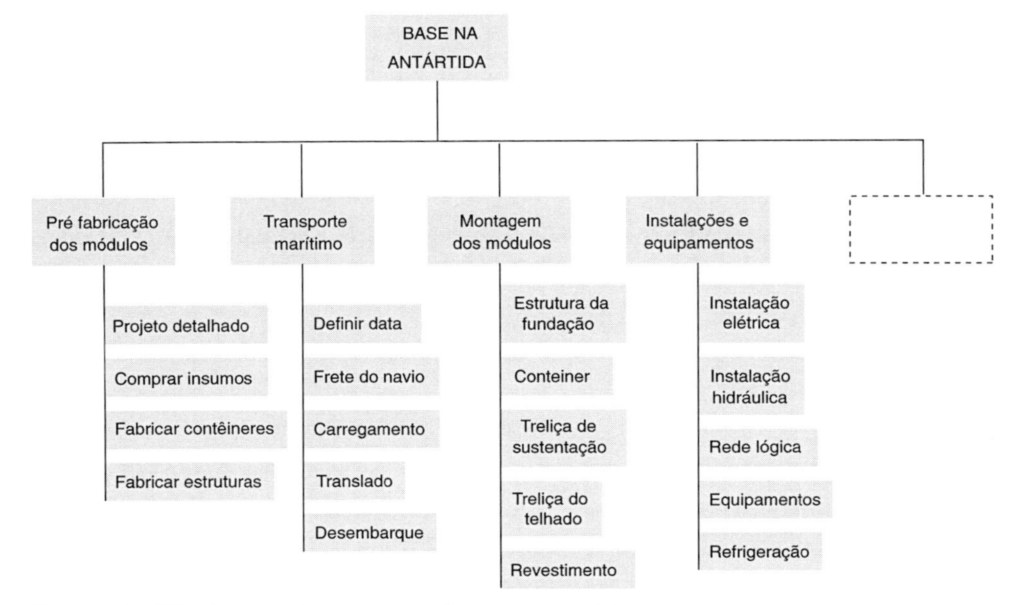


**Figura 3.3:** EAP da base Comandante Ferraz na Antártida.

As obras de construção da nova base brasileira na Antártica iniciaram-se no dia 13 de dezembro de 2016. No dia 12 de dezembro, uma equipe de 12 pessoas, contendo um gerente, um tradutor, dois engenheiros e oito técnicos, desembarcou na enseada Martel, na ilha King George. No dia seguinte, o gerente fez um reconhecimento do terreno para definir o local do alojamento de 33 m x 18 m, que foi finalizado ainda em dezembro (LEITE & ALMEIDA, 2016).

Em um local próximo, um dos engenheiros instruiu o operador de retroescavadeira a formar um barranco na praia dos seixos, para fixar o píer de atracação dos botes e embarcações para descarregar as peças pré-fabricadas da estação proveniente da China. A estação brasileira não possuía atracadouro (LEITE & ALMEIDA, 2016).

A poucos metros da linha da maré, dois mergulhadores brasileiros mediram a profundidade. Os demais 53 membros da equipe da empreiteira chegaram no dia 15 de dezembro em um cargueiro, juntamente com as peças pré-fabricadas para a construção da estação. Na primeira fase da obra, ocorrida no verão antártico, as fundações foram finalizadas. A montagem da obra contou com a participação de 90 trabalhadores (LEITE & ALMEIDA, 2016).

O que se percebe nesta breve descrição do início das obras é que a estrutura analítica do projeto pode chegar a um nível de detalhamento bastante específico.

Isolando-se a atividade de desembarque, o que a antecede e a sucede pode compreender: desembarque de equipe mínima, reconhecimento do terreno, definição do local de construção do alojamento dos funcionários, aferição de profundidade para a fixação de um píer. Esse aspecto reforça a importância de se conceber uma EAP bem detalhada e precisa, que envolva profissionais que tenham experiência em obras dessa natureza.

A execução da etapa de fundação também possui alguns condicionantes, tais como o período do verão antártico. No inverno, a baía fica congelada e não há possibilidade de aproximação de navios. Os mantimentos são lançados por aviões Hércules C-130 da Força Aérea Brasileira. A previsão de término da obra é 2020.

## Referências

ASCOM MICT. (2017) Brasil inicia a reconstrução da Estação Antártica Comandante Ferraz, na Antártica. http://www.mcti.gov.br/noticia/-/asset_publisher/epbV0pr6eIS0/content/brasil-inicia-a-reconstrucao-da-estacao-antartica-comandante-ferraz-na-antartica, 18.01.2017. Acesso em: 16 de maio de 2017.

DELAQUA, V. (2013) 1( Lugar Concurso Internacional Estação Antártica Comandante Ferraz/Estúdio 41, 22 de abril. http://www.archdaily.com.br/br/01-109759/1o-lugar-concurso-internacional-estacao-antartica-comandante-ferraz-slash-estudio-41. Acesso em: 14 de março de 2016.

ESCOBAR, H. (2014) Ciência brasileira ressurge na Antártida: programa avançou apesar da destruição da Estação Comandante Ferraz, há dois anos. O Estado de São Paulo, metrópole, A24, 23 de fevereiro.

LEITE, M.; ALMEIDA, L. (2016) Estação antártica começa a ser reconstruída. Folha de São Paulo, Ciência e Saúde, B7, 14 de dezembro.

PIZA, D. (2007) Panorama visto de uma nova ponte. O Estado de São Paulo, 19 de agosto, C12.

PMI (Project Management Institute). (2017) Um guia de conhecimento em gerenciamento de projetos (guia PMBok). 6ª ed. Pensilvânia: PMI.

ZANCHETTA, D.; BRANDALISE, V.H. (2008) Com 3 anos de atraso e R$113 mi a mais, ponte estaiada é aberta. O Estado de São Paulo, 9 de maio.

# Capítulo 4
# REDES E PROGRAMAÇÃO

## Resumo

O gerenciamento do tempo do projeto inclui os processos necessários para garantir uma boa administração desse parâmetro fundamental para o sucesso do projeto. Visa manter o projeto dentro dos prazos acordados, controlando e monitorando a execução das atividades, bem como tomando as decisões mais apropriadas referentes às necessárias reprogramações que naturalmente virão com o decorrer do projeto. Utilizando as atividades, que estão detalhadas na base da estrutura analítica do projeto (EAP), organiza-se uma relação (lista), que servirá como referência para as seguintes providências: definir as precedências diretas entre as atividades; organizá-las na sequência; estimar os recursos e as durações para as atividades; desenvolver o cronograma e controlá-lo. Este módulo apresenta os diferentes métodos de redes (americano e francês) e discute o equilíbrio desejável no detalhamento de atividades. A estimativa das durações das atividades utiliza informações sobre o escopo do projeto, tipos de recursos necessários, quantidades estimadas de recursos e calendários de recursos. São discutidos os fatores responsáveis pelas paradas e esperas, distribuição do tempo em obras de edificação, bem como cálculos de programação cedo, programação tarde, folgas, datas de início e término de atividades do projeto.

## Objetivos instrucionais

Apresentar o gerenciamento do tempo do projeto aplicado à construção civil, dissertando sobre a diagramação de redes, o planejamento e a programação de atividades.

## Objetivos de aprendizado

Após a leitura deste capítulo espera-se que o leitor seja capaz de:

- Compreender o processo de definição e sequenciamento de atividades.

* Diferenciar e desenvolver uma rede com base no método francês e no método americano.
* Compreender o processo de estimar recursos e duração de atividades.
* Realizar cálculos para a programação cedo, programação tarde, primeira data de início da atividade, primeira data de término, bem como última data de início e última data de término da atividade.

## 41. Redes: Precedências Diretas

O planejamento e a programação de atividades pressupõem um sequenciamento que pode ser definido em função do processo tecnológico — ou empiricamente relativo a experiência.

Na construção civil o processo tecnológico está associado ao subsetor e ao sistema construtivo adotado. Há uma identificação do processo tecnológico mais imediata com obras de edificações. As obras de edificações iniciam-se pela fundação, cujo método de execução é definido em função das características do solo. Em seguida, a superestrutura, cujo processo tecnológico de execução está associado à escolha do sistema construtivo (aço, concreto, alvenaria estrutural); vedação, que pode ser de alvenaria, bloco cerâmico, bloco de concreto, painel de concreto, com seus respectivos processo tecnológicos; cobertura, que pode estar relacionada com as características regionais e para cada uma das alternativas também há um processo tecnológico próprio; instalação elétrica, hidráulica e lógica; acabamento (definição de pisos das diferentes áreas, banheiro, pintura). Se, por um lado, o projeto do produto da construção civil é único, os processos tecnológicos para execução de cada uma dessas etapas possuem um padrão bem definido.

No caso de uma obra de metrô, a magnitude e as particularidades da obra impõem várias restrições. Entretanto, as macrofases de uma obra de metrô são relativamente simples. A primeira fase diz respeito à instalação do canteiro de obras. Em seguida há a abertura e vala e, concomitantemente, a fabricação de componentes. A partir da abertura de vala ocorre a escavação dos poços de inspeção e a construção das estações. A partir do momento que os componentes da obra estão disponíveis, inicia-se a escavação dos túneis. Finalizada a construção das estações e a escavação do túnel, inicia-se a instalação da via e, em seguida, as operações de acabamento. Evidentemente cada macrofase da obra compreende a mobilização de um grande contingente de pessoas, equipamentos e empresas que possuem competências complementares para a execução da obra. A Figura 4.1 aborda as macrofases de uma obra de metrô.

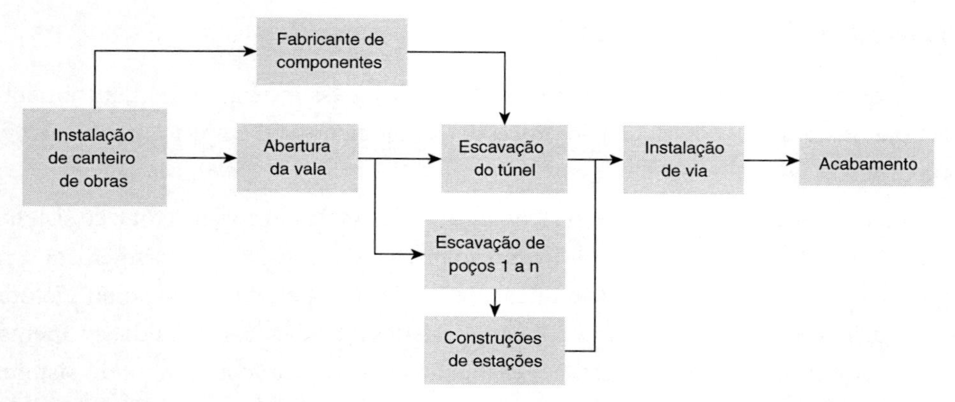


**Figura 4.1:** Macrofases da obra do metrô. *Fonte*: Adaptado de Araújo (2012).

Quando se aborda as redes em gestão de projetos, é fundamental estabelecer essas precedências, pois caso elas não sejam bem definidas, podem comprometer a execução da obra. As alternativas de execução devem ser discutidas na fase de projeto, havendo uma clara justificativa das alternativas definidas para a execução. A evolução tecnológica dos materiais e sistemas construtivos têm permitido superar desafios técnicos relacionados com as condições adversas.

### Exemplo

No caso de obras de linha de metrô, há um grande número de intervenções urbanísticas, desapropriações e estudos de traçado, bem como de sequência de execução, que devem ser considerados.

Para este tipo de obra, normalmente forma-se um consórcio com empresas que possuem as responsabilidades específicas na obra. Normalmente há uma empresa responsável pelas obras de construção civil; uma empresa responsável pela instalação da linha, uma empresa fabricante dos trens, uma empresa responsável pelas instalações de apoio e sistemas.

## 42. Montagem de Redes: Rede Francesa

Uma vez definidas as precedências diretas, correspondentes às atividades e seus relacionamentos, pode-se iniciar a elaboração da montagem da rede. A rede é uma representação gráfica das atividades de um projeto e de suas precedências. Permite verificar a sequência lógica das operações e de uma eventual omissão de alguma atividade; o controle das atividades e, caso seja necessário, a modificação da rede durante a execução do projeto. Há basicamente dois métodos mais utilizados: o método francês e o método americano.

No método francês ou das sujeições (conhecidas como *precedence diagramming sequencing* – PDM ou *activity-on-node* – AON) as atividades são representadas nos blocos e as relações de precedências são indicadas pelas setas. A montagem da rede pelo método francês é simples e direta. A grande maioria dos softwares de gestão de projetos representam as redes pelo método francês.

## Exemplo

As macrofases da obra de uma linha de metrô podem ser representadas por meio de uma rede francesa. A primeira fase diz respeito à instalação do canteiro de obras (A). Em seguida há a abertura de vala (B) e, concomitantemente, a fabricação de componentes (C). A partir da abertura de vala ocorre a escavação dos poços de inspeção (D) e a construção das estações (F). A partir do momento que os componentes da obra estão disponíveis, inicia-se a escavação dos túneis (E). Finalizada a construção das estações e a escavação do túnel, inicia-se a instalação da via (G) e, em seguida, as operações de acabamento (H). O Quadro 4.1 apresenta esquematicamente as atividades e as precedências diretas.

**Quadro 4.1:** Atividades e precedências diretas

| Atividade | *A* | *B* | *C* | *D* | *E* | *F* | *G* | *H* |
|---|---|---|---|---|---|---|---|---|
| Precedência direta | - | A | A | B | B,C | D | E,F | G |

No caso das macrofases de uma obra de linha de metrô, a rede é representada conforme a Figura 4.2.

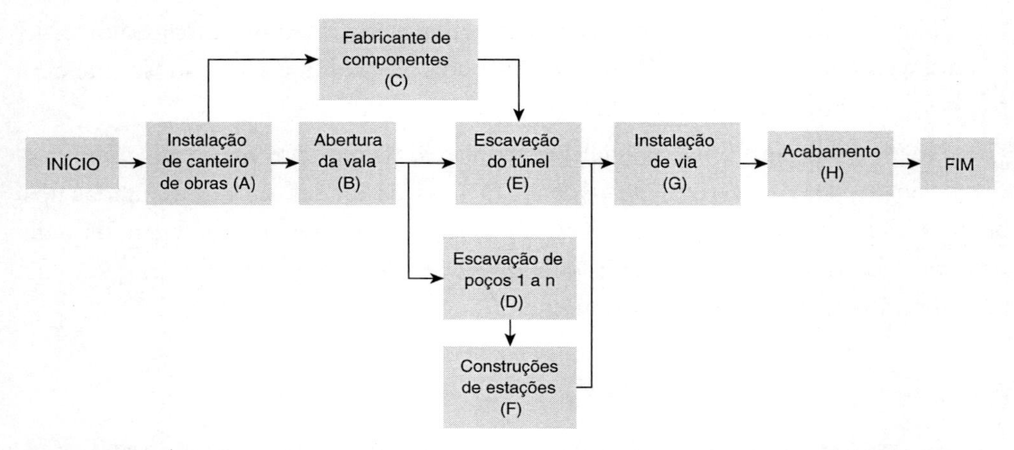


**Figura 4.2:** Macrofases da obra do metrô diagramadas pelo método francês. *Fonte*: Adaptado de Araújo (2012).

## 43. Montagem de Redes: Rede Americana

A rede americana ou rede de eventos (*arrow diagramming method* ou *activity-on-arrow)* representa as atividades nas setas orientadas e os eventos são representados por círculos ou nós. Os eventos definem os marcos (inicial e final) das atividades, são instantes no tempo, não consomem tempo e nem recursos.

Para padronizar a diagramação, adotam-se algumas convenções na diagramação das redes americanas:

- O diagrama de uma rede é construído horizontalmente e busca-se que o sentido de suas setas seja orientado da esquerda para a direita, dando um sentido de organização na sequência de execução das atividades.
- Utilizam-se retas para representação das atividades e, mesmo tentando evitar, podem ocorrer situações em que elas se cruzem.
- Os eventos são numerados em ordem crescente, de cima para baixo e da esquerda para a direita.

O método americano é bastante utilizado para fins didáticos, pois facilita a visualização dos cálculos da programação, envolvendo datas e folgas das atividades. Mas, por outro lado, a montagem de redes pelo método americano exige a adoção de algumas regras:

## Evento atingido e início de uma atividade

- Um evento é considerado atingido quando forem concluídas todas as atividades que "convergem" para ele.
- Uma atividade só poderá ser iniciada após o evento inicial ter sido atingido, conforme apresentado na Figura 4.3.

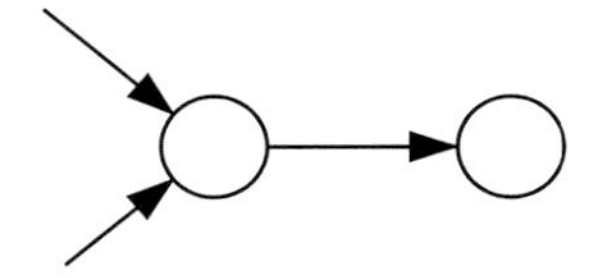

**Figura 4.3:** Evento atingido e início de uma atividade.

## Eventos origem e objetivo

- A rede deverá apresentar "um único" evento origem e "um único" evento objetivo.
- Ou seja, deverá iniciar em um único nó e terminar também em um único nó, conforme apresentado na Figura 4.4.

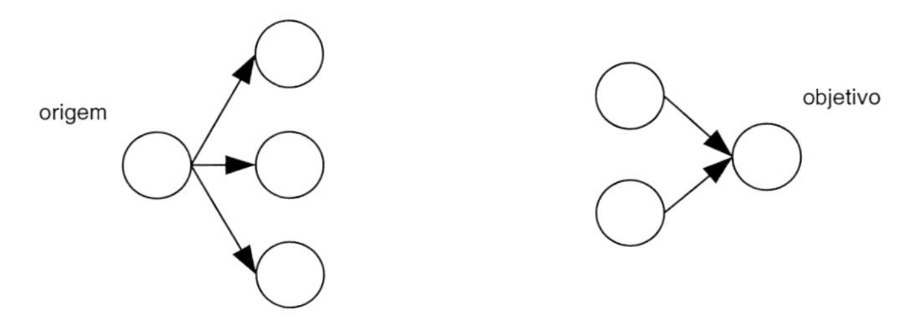


**Figura 4.4:** Eventos origem e objetivo.

## Atividade fictícia

- São atividades que não existem fisicamente e, portanto, não consomem tempo e nem recursos. Elas são um recurso gráfico, que devem ser utilizadas em duas situações:

1. Única maneira gráfica de indicar uma precedência: para indicar precedências, quando não há possibilidade de indicação através de atividades regulares do projeto (atividades previstas pela base da EAP, que realmente serão executadas, que possuem um significado físico). Também é utilizada para solucionar situações em que há ocorrência de eventos sucessivos ligados por mais de uma atividade, conforme apresentado na Figura 4.5.

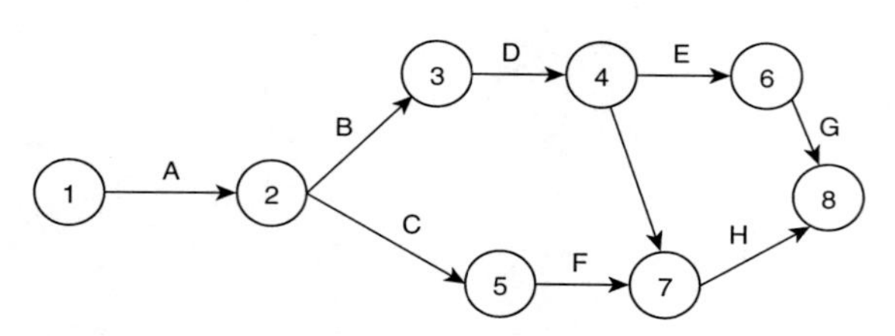


**Figura 4.5:** Atividade fictícia I.

2. Garantir que entre dois eventos sucessivos haja somente uma única atividade: uma atividade no método americano é identificada pelos seus eventos inicial e final. Portanto, não deverá haver mais de uma atividade ligando os mesmos eventos inicial e final. Quando ocorrer tal situação, lança-se mão da diagramação de um novo evento (evento fantasma) e de uma atividade fictícia. Desta forma, o novo desenho da rede garante que entre dois eventos sucessivos só haja uma atividade, conforme apresentado na Figura 4.6.

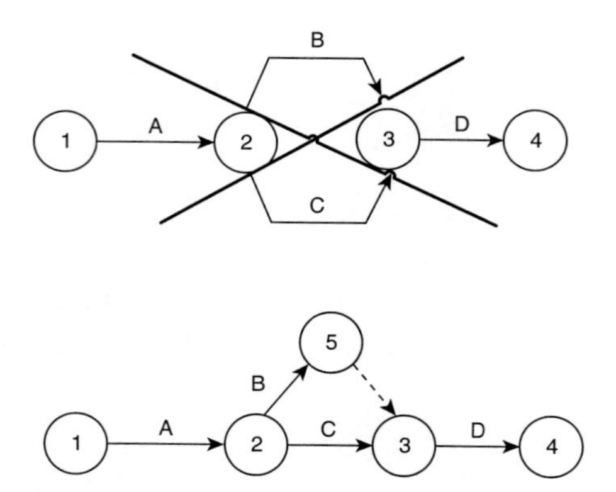


**Figura 4.6:** Atividade fictícia II.

## Circuito

- Não deve existir "circuito" na rede, ou seja, não se pode partir de um evento e retornar a ele mesmo, percorrendo as atividades e relações de precedências estabelecidas pela rede. Uma atividade nunca dependerá dela mesma para ser executada. Caso ocorra tal situação, é necessário realizar uma revisão no estabelecimento das precedências, pois há algum engano, conforme apresentado na Figura 4.7.

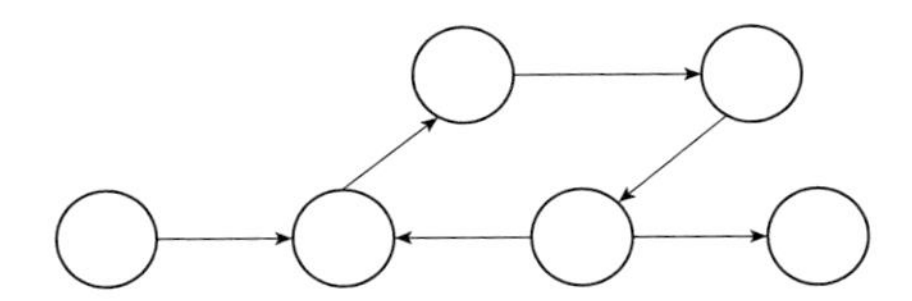

**Figura 4.7:** Circuito.

## Exemplo

Como exemplo, as macrofases da obra de uma linha de metrô são representadas pela rede americana. A primeira fase diz respeito à instalação do canteiro de obras (A). Em seguida há a abertura de vala (B) e, concomitantemente, a fabricação de componentes (C). A partir da abertura de vala ocorre a escavação dos poços de inspeção (D) e a construção das estações (F). A partir do momento que os componentes da obra estão disponíveis, inicia-se a escavação dos túneis (E). Finalizada a construção das estações e a escavação do túnel, inicia-se a instalação da via (G) e, em seguida, as operações de acabamento (H). O Quadro 4.2 apresenta as atividades e as precedências, e a Figura 4.8, a rede da obra do metrô pelo método americano.

**Quadro 4.2:** Atividades e precedências diretas

| Atividade | *A* | *B* | *C* | *D* | *E* | *F* | *G* | *H* |
|---|---|---|---|---|---|---|---|---|
| Precedência direta | - | A | A | B | B,C | D | E,F | G |

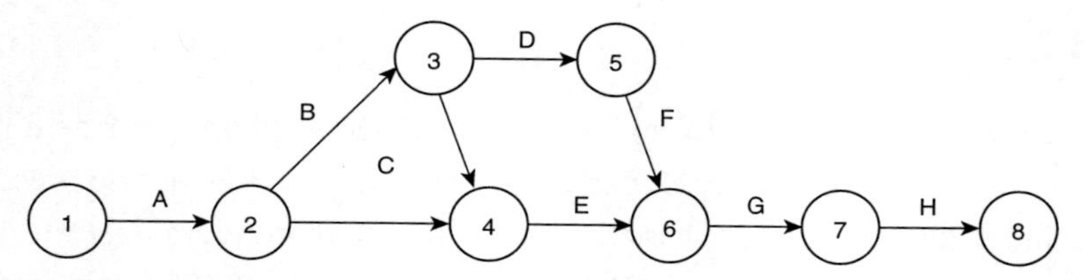


**Figura 4.8:** Rede das macrofases da obra do metrô diagramada pelo método americano.

Nas primeiras diagramações de redes é muito comum o uso de várias atividades fictícias para auxiliar na indicação das precedências. Mesmo com as indicações de precedência estando corretas, orienta-se a revisão das fictícias, verificando a real necessidade de utilizá-las. Eliminando as desnecessárias, otimiza-se a visualização da rede, deixando-a menos "poluída". Para verificarmos se a rede está correta, lemos de trás para a frente (do evento final para o evento inicial) as precedências indicadas no digrama e as conferimos com a nossa relação de precedências diretas pré-estabelecidas.

## Exercício

Construa dois diagramas de rede, rede francesa e rede americana, utilizando os dados do projeto didático. O quadro indica as atividades e suas relações de precedência diretas.

| Atividades | Precedências diretas |
|---|---|
| A | --- |
| B | A |
| C | A |
| D | C |
| E | C |
| F | C |
| G | B,D |
| H | E,G |
| I | E,G |
| J | F |
| K | H,I,J |
| L | K |

## 44. Caso: Problemas de precedência — linha amarela do metrô

As precedências em uma rede estabelecidas em projeto devem ser seguidas pelos responsáveis pela execução. Um exemplo das consequências de negligência a precedências que causou um imenso desastre foi o desmoronamento da Estação Pinheiros da linha amarela do metrô, formando uma cratera de 80 m de diâmetro. A cratera surgiu, pois na escavação, ocorreram fissuras no teto do túnel da estação, provocadas na estrutura de concreto. Na tarde de 12 de janeiro de 2007, os operários evacuaram o túnel e às 15h30min, o colapso do túnel abriu uma cratera em parte da rua Capri.

De acordo com o Ministério Público, a obra do metrô foi apressada e mudou as especificações originais. Houve erros relacionados com escavação, cambotas metálicas e quantidade de terra movimentada. A estação deveria ter começado no poço da estação em direção à Rua Capri, mas foi feita no sentido oposto e o consórcio na época não explicou o motivo da mudança. De acordo com o Diário de Obras havia 5 cambotas (estruturas metálicas de sustentação) de um lado da parede do túnel e duas do outro lado. Entretanto, o Instituto de Pesquisas Tecnológicas (IPT), responsável pelo laudo após a tragédia, constatou que havia duas cambotas de cada lado. Somente nos dez primeiros dias de janeiro de 2007, o volume de terra retirado foi equivalente a todo volume retirado no mês de dezembro de 2006 (O ESTADO DE SÃO PAULO, 2008).

Os 11 erros apontados pelo IPT dizem respeito aos estudos geológicos, aprofundamento da rampa, sequência de execução, detonações, coluna d'água, instrumentação, inversão do sentido, tirantes, desconformidades e plano de risco.

O consórcio desconsiderou os estudos geológicos, teve duas oportunidades de corrigir os rumos da obra, durante a escavação do túnel da Rua Capri e da calota do túnel, mas nada foi feito. Durante a execução da rampa, a obra atingiu um nível que não estava previsto no projeto, o que colaborou para a instabilidade do túnel. O primeiro rebaixo deveria ser de 4 m, porém avançou até 5,2 m. Como o solo era instável, isso agravou a situação. A sequência de escavação foi modificada. Ela deveria iniciar pela parte central, para evitar sobrecarga nas paredes do túnel. As detonações de baixa intensidade provocaram vibrações e os gases liberados preencheram as fissuras existentes na parede do túnel. O túnel foi projetado para ser executado na condição "drenado". No entanto, o IPT identificou uma coluna d'água sobre a calota do túnel. No dia do acidente, o monitoramento do túnel indicava que o terreno estava cedendo. Ainda assim, o IPT disse que os engenheiros não tomaram providência alguma para reverter a situação. Houve inversão no sentido de execução do túnel e aumento de 30% do primeiro rebaixo. A colocação de tirantes foi prevista em reunião para ser colocada no dia anterior ao acidente, mas não foi feita. O grande número de não conformidades na obra, desde aspectos construtivos até o próprio sistema de gerenciamento de riscos, comprometeu a qualidade de execução do túnel. A inexistência de planos de gerenciamento de risco, de contingência e de emergência, levou o consórcio a desconsiderar a possibilidade de um colapso de grandes proporções (O ESTADO DE SÃO PAULO, 2008).

Todos os erros seriam evitados se os engenheiros utilizassem o básico de gestão de projetos: respeitar as precedências.

## 45. Estimativa de Tempo/Durações

Com as atividades definidas e as precedências diretas já estabelecidas, partimos para definição das estimativas de duração e, por conseguinte, de recursos. Pois ambas definições estão muito associadas. Ao estimar as durações das atividades, necessitamos prever quais serão os recursos demandados por elas. Outro destaque geral a ser realizado é sobre a importância deste processo, pois os tempos são a base de toda a programação do projeto e fonte de informação para muitas outras frentes do gerenciamento do projeto. Portanto, vale lembrar que o valor de uma estimativa é proporcional ao tempo que se gasta para defini-la. Estimar demanda esforço organizacional e tempo na sua execução.

Toda estimativa de durações está sujeita a um determinado nível de incerteza e dependendo do grau dessa incerteza, temos duas abordagens possíveis para tratamento das estimativas de durações: probabilística ou determinística.

Quando identificamos um significativo nível de incertezas, durante o processo de definição das estimativas, seja por qual motivo for (produto novo, novas condições de contorno, novo processo tecnológico ou imprevisibilidade na disponibilidade de recursos), é indicada a utilização de durações probabilísticas. Um exemplo clássico é a abordagem PERT. Nela elaboramos, para cada atividade, três cenários, com suas respectivas durações: "otimista" (a), "mais provável" (m) e "pessimista" (b). Essas durações são condensadas em dois valores, utilizando-se a formulação estatística da distribuição Beta. Um valor de posição, a duração esperada e, outro de dispersão, a variância (fórmulas indicadas a seguir). Realizando uma aproximação teórica, assumimos que a duração esperada é o valor médio de uma distribuição normal e que a raiz quadrada da variância é o desvio padrão dessa distribuição. Assim, temos condição de, utilizando o desenvolvimento teórico da distribuição normal, associarmos porcentagens a prazos finais do projeto.

$$te = \frac{a + 4m + b}{6}$$

$$\sigma_{t_\theta}^2 = \left( \frac{b - a}{6} \right)^2$$

No caso de as durações serem precisas, os tempos do projeto são abordados de forma determinística. Eles são próprios para a utilização do método CPM (*critical path method*). É com esta abordagem que daremos continuidade a apresentação de todos os procedimentos de programação de atividades, cálculo de datas e folgas, e demais abordagens, apresentadas pelos tópicos seguintes.

Existem vários métodos e técnicas específicas para auxiliar a definição de estimativas de durações, mas de forma geral, podemos classificá-las em basicamente três procedimentos: determinação baseada em dados históricos, aplicando-se um tratamento estatístico; determinação baseada em experiência acumulada ou em senso comum de profissionais; ou, determinação baseada em cálculos, por meio de índices de produtividades e/ou parâmetros do processo de execução (determinação indireta).

A definição de estimativas de tempo na construção civil depende de fatores relacionados com subsetor, sistema construtivo, disponibilidade de mão de obra, dados históricos que a empresa possui de obras de mesma natureza e estimativas indiretas, baseadas em índices fornecidos em publicações da área. Uma das publicações mais difundidas na área é o conhecido TCPO (Tabela de Composição de Preços para Orçamentos), organizado pela editora PINI, que fornece uma parametrização da produtividade para cada processo de execução da construção civil.

A construção civil relaciona-se com grande parte dos setores industriais: componentes e materiais de construção; produção de máquinas, equipamentos, ferramentas e suprimentos; e processo, produção e montagem de produtos finais. Este último demanda a elaboração de uma estratégia de produção, estudo tecnológico do sistema construtivo, definição do fluxo tecnológico, elaboração da trajetória tecnológica da obra, caracterização dos processos de trabalho, elaboração de orçamento e de programação (MARTUCCI, 1990).

Cada subsetor possui os seus agentes próprios, com uma dinâmica específica, atrelada a fatores externos, que dizem respeito aos fornecedores de materiais e serviços subcontratados, a relação entre o mercado e o cliente, fatores políticos e econômicos e situações de força maior relacionadas com desastres naturais. Há também fatores internos, que dizem respeito ao ambiente da empresa e fatores intrínsecos, relacionados com a equipe de trabalho. A equipe de trabalho é um elemento determinante para a estimativa das durações, pois os índices de produtividade são afetados diretamente pela capacitação da mão de obra, metodologia de trabalho e tecnologia de materiais.

A TCPO-PINI fornece um ponto de partida para estimativa das durações. No entanto, existe uma percepção no mercado que, em alguns casos, os índices do TCPO são superestimados fornecendo uma boa margem para ajustes e correções com índices internos de produtividade das próprias empresas. Nesse caso, a empresa que possui dados históricos de obras passadas, experiência acumulada pelos seus profissionais e uma ideia razoável dos fatores indiretos que incidem sobre a composição de cada índice conseguiria definir estimativas mais ajustadas aos seus padrões de trabalho, sendo mais competitiva para as concorrências de mercado e, ao mesmo tempo, sendo mais efetiva no planejamento e programação de seus projetos.

Na legislação vigente o atraso na entrega de uma obra é passível de multa por parte do contratante, mas é comum haver termos aditivos de contrato. Como exemplo, o caso da linha amarela do metrô, cuja estimativa de duração global do projeto era de 48 meses, mas houve um termo aditivo que postergou a entrega da obra em 7 meses. Esse exemplo remete à noção de que a conformidade da estimativa das durações das atividades está diretamente relacionada com o sucesso do projeto.

## 46. Programação de Atividades

Terminadas as estimativas das durações para as atividades, inicia-se a programação do projeto. Para a apresentação dos conceitos de programação de projetos, adotaremos como referência a rede americana.

O passo inicial para a definição da programação é o estabelecimento de datas cedo e tarde para todos os eventos da rede.

**Cedo de um evento – C*n*:** é o tempo necessário para que o evento seja atingido, considerando-se que não houve atrasos imprevistos nas atividades antecedentes. O cálculo do valor de cedo de um evento é a soma do cedo do evento anterior (onde se inicia a atividade) com o valor da duração da atividade. No caso de a rede oferecer mais de uma possibilidade de cálculo, quando houver mais de uma atividade convergindo para um evento, adota-se o maior valor entre as opções de cedo calculadas. ***Formulação*:** $C_n = Max\ (C_{ant} + dur_n)$, onde *n* atividades do projeto. **Notação:** O valor de cedo será representado entre parênteses (...), acima dos eventos da rede.

O ponto de partida para o cálculo dos cedos é o cedo do evento inicial, cujo valor é zero (“0”), pois como não há nenhuma atividade anterior sendo executada, a primeira chance desse evento ser atingido é na data zero. Para os demais eventos, utiliza-se a formulação proposta.

**Tarde de um evento** - T*n:* é a data limite de realização de um evento. Qualquer execução que passe desta data atrasará o projeto. O cálculo do valor de tarde de um evento é a subtração entre o valor de tarde do evento posterior e a duração da atividade. No caso de a rede oferecer mais de uma possibilidade de cálculo, quando houver mais de uma atividade partindo do evento, adota-se o menor valor entre as opções de tarde calculadas. ***Formulação*****:** $\mathbf{T_n = \mathit{Min}(T_{post} - dur_n)}$, onde $n$ atividades do projeto. **Notação:** Será representado no interior de um bloco retangular, posicionado acima do valor de cedo.

Após terminar o cálculo dos cedos, partiremos do evento final da rede para o cálculo dos tardes. O valor do tarde do evento final da rede, por convenção (é base para o desenvolvimento dos demais cálculos e conceitos de programação), será o valor do cedo do evento final, já determinado. Ou seja, os valores de cedo e tarde para o evento final serão iguais. Daí em diante, retrocede-se na rede, calculando os demais valores de tardes, seguindo a formulação indicada, até encontrarmos o evento inicial, no qual os valores de cedo e tarde devem ser iguais a zero ("0").

## Exemplo

A partir da temática de gerenciamento de projeto será desenvolvido um projeto exemplo que acompanhará todos os tópicos subsequentes. É um exemplo simplificado e já muito explorado, mas que cumpre muito bem seu papel didático para aplicação dos conceitos de programação. Trata-se da construção de uma residência, na qual é possível verificar toda a sequência de processos construtivos e o trabalho a ser executado, desdobrados na aplicação das etapas de um estudo de planejamento, programação e controle de projetos.

Para a definição das precedências, neste caso, foram considerados basicamente aspectos tecnológicos. O rol de atividades do projeto exemplo, indicado na sequência, apresenta dois tipos de estruturas muito utilizadas para facilitar a visualização e o gerenciamento do trabalho a ser executado no projeto: atividade resumo e atividade marco (entrega da casa).

Uma atividade resumo é a denominação dada a um conjunto de atividades. Ela tem seu início associado ao primeiro início deste conjunto de atividades e o seu término ao último término. Uma atividade marco é uma atividade que tem duração "zero" e tem o intuito de chamar a atenção para uma determinada data da programação; no caso exemplo apresentado, a atividade marco destaca o final da obra (projeto concluído).

A Tabela 4.1 apresenta a relação de atividades, as precedências diretas e as durações das atividades do projeto exemplo. As durações das atividades são apenas valores

**Tabela 4.1:** Atividades, precedências e durações

| ID | Atividades | Precedência | Duração |
|---|---|---|---|
| RES | Construção da Casa | | |
| RES | Fase 1 | | |
| A | Limpeza e preparo do terreno | -- | 1 |
| B | Fundações | A | 3 |
| C | Alvenaria e estruturas | B | 6 |
| D | Colocação da laje | C | 1 |
| E | Esgoto | B | 1 |
| F | Madeiramento | D | 4 |
| G | Cobertura (telhado) | F | 1 |
| RES | Fase 2 | | |
| H | Instalação hidráulica | D | 3 |
| I | Instalação elétrica | F | 2 |
| J | Revestimento/acabamento | G,H,I | 6 |
| K | Pintura | E,J | 4 |
| L | Limpeza geral | K | 1 |
| MAR | Entrega da casa | | 0 |

numéricos aleatórios, sem a mínima preocupação em manter vínculos com valores reais. A unidade associada às durações será, simplesmente, unidades de tempo (ut).

Os valores de duração das atividades estão carregados na rede, como indica a Figura 4.9. Segundo a convenção já citada, adota-se o cedo do evento inicial igual a

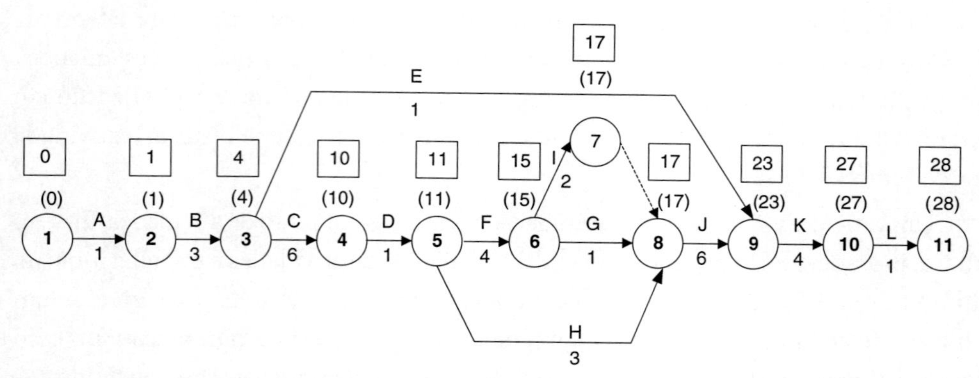


**Figura 4.9:** Rede com os valores de cedo e tarde para os eventos.

"zero" e calculam-se todos os cedos para todos os eventos da rede (programação cedo). Em seguida, adota-se para o tarde do evento final o valor do seu cedo e calculam-se os tardes para todos os eventos da rede.

### *Exercício*

1. A partir dos dados, elabore a rede (método americano) e desenvolva a programação cedo e tarde.

| Atividade | Precedência direta | Duração |
|---|---|---|
| A | --- | 3 |
| B | A | 1 |
| C | B,D | 7 |
| D | --- | 5 |
| E | D | 3 |
| F | E | 2 |

2. Desenvolva a rede e a programação do projeto a seguir.

| Atividades | Precedências Diretas | Duração |
|---|---|---|
| A | --- | 1 |
| B | A | 6 |
| C | A | 3 |
| D | C | 1 |
| E | C | 6 |
| F | C | 2 |
| G | B,D | 5 |
| H | E,G | 1 |
| I | E,G | 2 |
| J | F | 1 |
| K | H,I,J | 1 |
| L | K | 1 |

## 47. Caso: 5 mil obras públicas paradas

Um levantamento feito pelo jornal *O Estado de S. Paulo* (PEREIRA, 2016) mostra que há pelo menos 5 mil obras paradas no Brasil, dentre as quais ferrovias, saneamento básico, estradas e edificações públicas, o que representa um total de investimentos da ordem de R$15 bilhões.

O relatório foi elaborado a partir das informações dos Tribunais de Contas dos Estados (TCEs), informações disponíveis on-line dos ministérios das Cidades, Integração Nacional e Transportes. Entretanto, somente dez TCEs realizam acompanhamento dos projetos (municipais e estaduais), o que significa que os números apresentados estão aquém da realidade.

A Tabela 4.2 apresenta o número de obras paralisadas por Estado e por seus órgãos de controle. No caso de alguns ministérios, os dados de obras paralisadas foram apresentados somente em termos de porcentagens, conforme Tabela 4.3.

**Tabela 4.2:** Obras paralisadas por estado

| Estado/órgão | Quantidade |
|---|---|
| Pernambuco (paradas) | 513 |
| Pernambuco (em análise) | 913 |
| Paraná | 2.081 |
| Minas Gerais | 224 |
| Rio Grande do Sul | 345 |
| Ministério das Cidades | 311 |
| Ministério dos Transportes | 43 |

**Tabela 4.3:** Obras paralisadas por órgão da Administração Pública

| Órgão | Quantidade |
|---|---|
| Ministério da Integração Nacional (paradas) | 35% |
| Ministério da Integração Nacional (ritmo lento) | 24,5% |

As causas das obras paradas estão relacionadas com falta de projeto executivo adequado, projetos mal feitos, disfunções burocráticas, entraves ambientais e falta de planejamento.

A hidrovia do rio Capibaribe, em Pernambuco, por exemplo, deveria estar em operação para a Copa do Mundo. Na primeira fase da obra foram dragados 8,5 km, mas a obra teve que ser paralisada por falta de recursos para as desapropriações das palafitas que ficam na região.

Os prejuízos de uma obra paralisada são difíceis de quantificar, pois os usuários não se beneficiarão da infraestrutura para melhoria das condições de vida, a deterioração da obra pela exposição inadequada às condições climáticas, o custo de desmobilização de equipes em casos de demissão e a permanente precariedade da infraestrutura do país que convive com problemas seculares, como o saneamento básico e as ferrovias.

A taxa mínima de investimento em infraestrutura para um país desenvolvido é da ordem de 21%. No Brasil, em 2016, a taxa de investimento foi de 16,9% (PEREIRA, 2016).

## 48. Precedências: Eis a Questão

Em uma Estrutura Analítica de Projeto são definidos os entregáveis, os pacotes de tarefas e as atividades. A definição das tarefas depende da intenção do gestor do projeto em controlar o projeto. O foco do controle deve ser tão específico quanto a necessidade de detalhamento, em relação ao trabalho que deve ser realizado. No nível inferior da EAP encontram-se as atividades. É a partir das atividades, da definição do sequenciamento e da interligação entre elas que se define uma lista para, em seguida, estabelecer as precedências entre elas.

Na construção civil, as precedências podem ter uma natureza técnica, impostas pelo processo de construção. Pode haver precedências que não são técnicas, mas devem ser consideradas. Este caso é característico de atividades simultâneas ou em casos de períodos de chuva para execução de obras. Em ambos os casos, para cada atividade, deve-se identificar o que deve ser realizado antes, caracterizando a precedência. As precedências padrão, existentes na maioria dos projetos, são as precedências final-início. Em termos simples, deve-se terminar uma atividade para iniciar a seguinte.

Há outros tipos de precedência que podem ser carregados na programação, o que depende do software utilizado. Há atividades que devem ser iniciadas em conjunto (início-início), mas os términos podem ser distintos. Esse é o caso, por exemplo, da entrega do material e da chegada da equipe de trabalho. Ambos devem iniciar ao mesmo tempo. Há atividades que tem que acabar conjuntamente (final-final) mesmo tendo inícios distintos, como, por exemplo, a entrega final da obra para o cliente, quando encerradas as atividades em canteiro de obra, permitindo a ocupação da edificação.

Há precedências que dependem de um tempo de espera para que a atividade subsequente seja executada. É o caso, por exemplo, da concretagem de uma laje, cujo tempo de espera de cura é da ordem de 21 dias. Essa espera pode ser positiva, quando há necessidade de aguardar um tempo para iniciar a outra atividade. A espera pode ser negativa, quando há uma superposição de atividades. Este seria o caso de duas atividades estarem relacionadas por uma precedência final-início e a atividade dependente poderia ser iniciada antes (tempo indicado pela espera negativo) do final de sua atividade precedente.

A Figura 4.10 ilustra as relações de precedência apresentadas, indicando a dependência da atividade B em relação a atividade A.

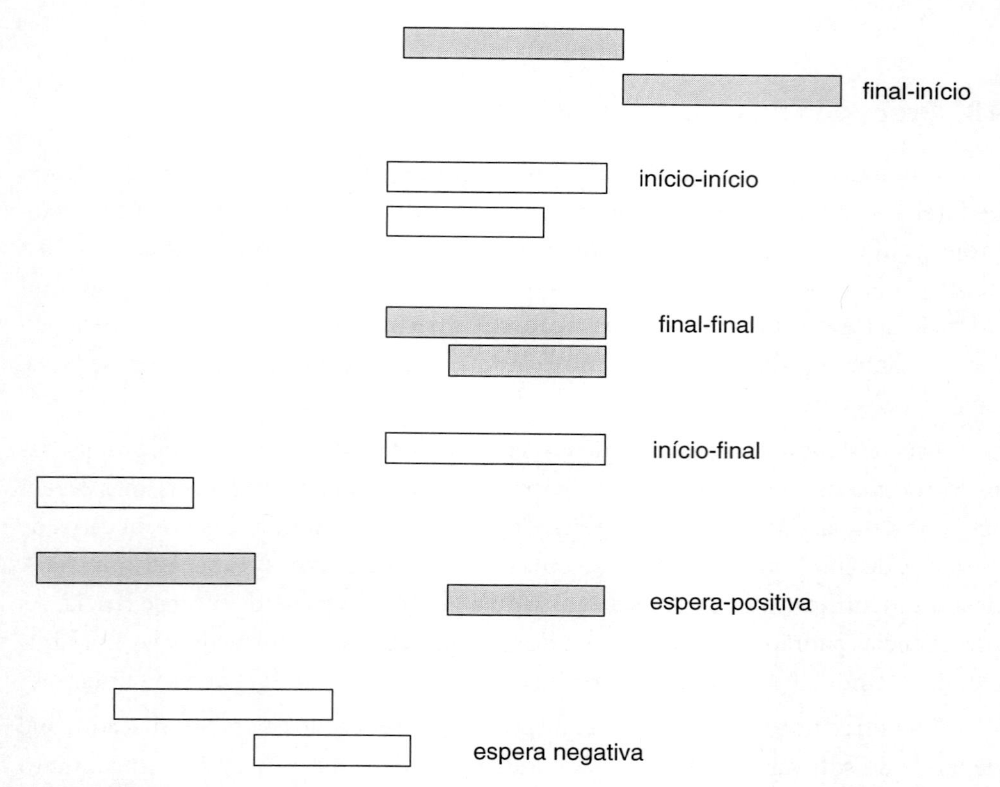


**Figura 4.10:** Exemplo de tipos de precedências.

Outro recurso de planejamento e programação muito utilizado é a definição de atividades resumo e atividades marco. A atividade resumo é somente um nome dado a um conjunto de atividades, utilizada para facilitar a visualização do projeto em partes distintas. Uma atividade resumo batizada de "acabamento" poderia incluir: assentar portas e janelas, pintar paredes e colocar piso. As atividades marco são utilizadas para chamar a atenção para uma data específica do projeto. A atividade marco não consome duração ou recurso. Em uma obra isso pode significar uma reunião com a equipe de projeto da obra ou o dia de medição dos serviços realizados.

A Figura 4.11 ilustra as atividades resumo e atividades marco.

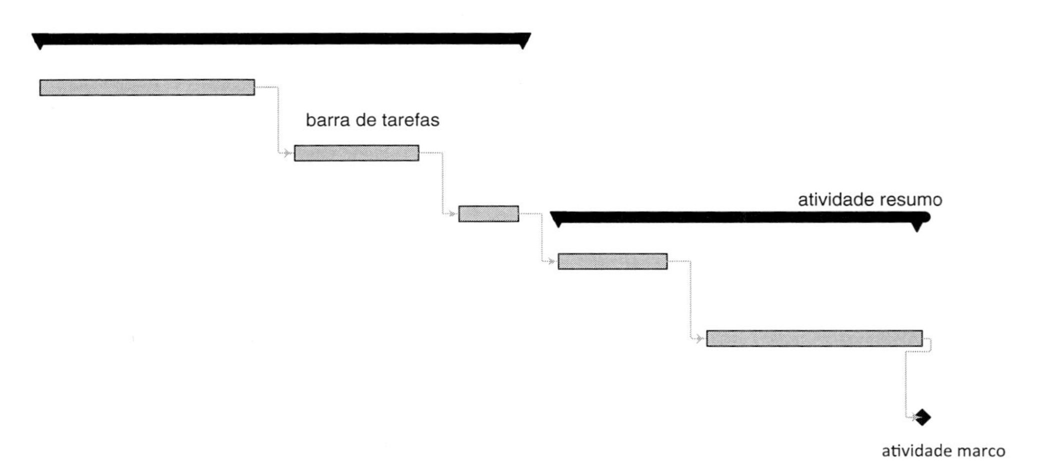


**Figura 4.11:** Exemplo das atividades resumo e marco.

## 49. Datas

Calculado os valores de cedo e tarde (já indicados na Figura 4.8) para os eventos da rede, vamos agora associá-los às atividades do projeto. Na prática, o que interessa são informações relativas às atividades do projeto e não aos eventos. Questionamentos sobre quando terminará o projeto, qual é a primeira chance de iniciar uma determinada atividade, qual é a última possibilidade para encerrar uma atividade são típicos no dia a dia de um gerente de projetos na construção civil. Portanto, vamos conceituar as datas relativas às atividades do projeto:

**Primeira Data de Início – PDI**: é a data que marca a primeira chance de início de uma atividade. Verificando na rede, o valor de cedo do evento inicial da atividade (Cedo inicial), que marca a primeira chance deste evento ser atingido, podemos inferir que ele também marca o início de todas as atividades que partem dele. *Formulação:* **PDI = $C_i$**

**Primeira Data de Término – PDT**: é a data que marca a primeira chance de término de uma atividade. Conhecendo o valor da primeira chance de início de uma atividade (Cedo inicial) e adicionando a sua duração, teremos a primeira chance de término desta atividade. *Formulação*: **PDT = PDI + dur** ou **PDT = $C_i$ + dur**

**Última Data de Término – UDT**: é a data que corresponde a última chance que a atividade possui para ser encerrada (Tarde final). Como o valor de tarde de um evento é a data limite para atingi-lo, se buscarmos o valor de tarde do evento final da atividade, podemos inferir que este valor define a data limite para o término de todas as atividades que convergem para este evento. *Formulação*: **UDT = $T_f$**

**Última Data de Início – UDI**: é a data que corresponde a última chance que a atividade possui para ser iniciada. Conhecendo o valor da última chance para o término de uma atividade (Tarde final) e subtraindo a sua duração, teremos a última chance de início desta atividade. *Formulação:* **UDT = $T_f$– dur**

**Tempo Disponível – Tdisp**: é a "janela" de tempo que cada atividade possui para ser programada. Portanto, este período começa na primeira chance de início da atividade (Cedo inicial) e encerra-se na última chance de término (Tarde final). *Formulação:* $T_{disp} = T_f – C_i$

A Figura 4.12 ilustra um exemplo das programações extremas de uma atividade no tempo (Programação cedo – primeira chance de programação da atividade e Programação tarde – última chance de programação da atividade).

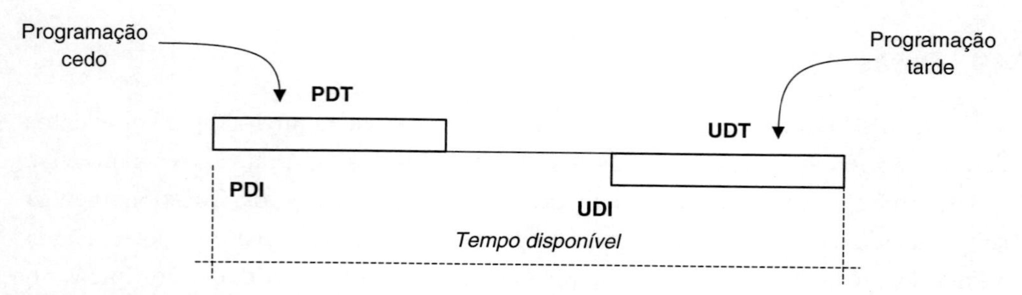


**Figura 4.12:** Programação cedo e tarde de uma atividade.

Retomando o exemplo da casa, a partir da definição dos tempos de duração de cada atividade é possível determinar as datas. A Tabela 4.4 apresenta uma sistematização do cálculo das datas.

**Tabela 4.4:** Dados para a programação

| ID | ATIVIDADES | PREC | DUR | PDI | PDT | UDI | UDT |
|---|---|---|---|---|---|---|---|
| RES | Construção da casa | | | | | | |
| RES | Fase 1 | | | | | | |
| A | Limpeza e preparo do terreno | -- | 1 | 0 | 1 | 0 | 1 |
| B | Fundações | A | 3 | 1 | 4 | 1 | 4 |
| C | Alvenaria e estruturas | B | 6 | 4 | 10 | 4 | 10 |
| D | Colocação da laje | C | 1 | 10 | 11 | 10 | 11 |
| E | Esgoto | B | 1 | 4 | 5 | 22 | 23 |
| F | Madeiramento | D | 4 | 11 | 15 | 11 | 15 |
| G | Cobertura (telhado) | F | 1 | 15 | 16 | 16 | 17 |
| RES | Fase 2 | | | | | | |
| H | Instalação hidráulica | D | 3 | 11 | 14 | 14 | 17 |
| I | Instalação elétrica | F | 2 | 15 | 17 | 15 | 17 |
| J | Revestimento/acabamento | G,H,I | 6 | 17 | 23 | 17 | 23 |
| K | Pintura | E,J | 4 | 23 | 27 | 23 | 27 |
| L | Limpeza geral | K | 1 | 27 | 28 | 27 | 28 |
| MAR | Entrega da casa | | 0 | | 0 | 0 | 0 |

## 50. Caso: Inauguração do túnel de São Gotardo

Em 1° de junho de 2016 foi inaugurado o túnel de São Gotardo que conecta o Norte e o Sul da Europa. O engenheiro idealizador do projeto foi Carl Gruner, que se formou Engenheiro Civil na ETH-Zurique, em 1929. Em 1947, propôs a construção do túnel de São Gotardo, com a estimativa de que ele poderia estar finalizado em 2000. Em 1963, a Confederação criou a Comissão "Túnel Railway através dos Alpes" (CTA), cuja missão era avaliar as opções para o túnel de base. No entanto, devido a diferenças políticas e dificuldades econômicas da época, nenhuma das propostas obteve a maioria. Em 1971 desenvolveu-se uma linha básica da construção da Erstfeld-Biasca Gotthard em nome do Conselho Federal. Foi finalmente em 1989 que o Conselho Federal aprovou a "variante de rede", que fornece uma combinação do túnel de base Gotthard, túnel de base Lötschberg e o túnel Hirzel para se conectar a leste da Suíça (CFF, 2016). Um referendo popular em 1992 autorizou a sua construção, que de fato iniciou-se em 1995. O início das escavações que removeram 28 milhões de toneladas de rocha ocorreu em 2002, nos sentidos norte e sul, com o término em 2011. O período de 2011 até 2016 foi utilizado para a instalação dos trilhos, equipamentos de segurança e infraestrutura (CHADE, 2016).

Em termos de gestão de grandes projetos, o túnel é uma façanha sem precedentes, pois foi entregue antes do prazo previsto, que originalmente era 2017. Os custos finais superaram em 20% os custos iniciais, o que está dentro da margem aceitável. O planejamento e a avaliação de riscos foram elementos determinantes para o sucesso do projeto. Em 2007, os engenheiros suíços reavaliaram a complexidade técnica da obra e a interromperam, até definirem planos de gerenciamento de riscos e contingências, o que evitou problemas após a retomada da obra (DEUTSCHE WELLE, 2016).

Os aspectos técnicos da construção do túnel de São Gotardo apresentam números impressionantes (CFF, 2016):

- A circulação de 260 a 320 composições por dia vai solicitar a nova ligação norte-sul, de 40 a 60 trens de passageiros e 220 a 260 trens de carga.
- O túnel de base Gotthard é coberto por uma camada de rocha com uma espessura de até 2.300 m.
- Foram colocados no túnel, 2.600 km de fibra ótica — o equivalente à distância de Zurique, na Suíça, até Reykjavík, na Islândia.

A bordo de um trem que viaja a 200 km/h viajantes vão passar 17 minutos no túnel de 57 km de comprimento.

## 51. Folgas

As programações cedo e tarde, o tempo disponível e as datas, já calculadas, são referenciais úteis para os gestores dos projetos iniciarem suas considerações sobre como será a programação definitiva para as equipes de execução iniciarem o projeto. Como já salientado, toda a programação inicial de um projeto terá que ser alterada, pois a única certeza que temos ao iniciar um projeto é a de que ele não ocorrerá como foi planejado. Tal fato motiva os gestores do projeto a conhecerem as margens de flexibilidade que o projeto apresenta para absorver tais alterações. Essa flexibilidade é representada pelas folgas das atividades do projeto.

Para a apresentação dos cálculos dos valores das folgas, utilizaremos um esquema simples com base nos cálculos de cedo e tarde para os eventos da rede, apresentado na Figura 4.13.

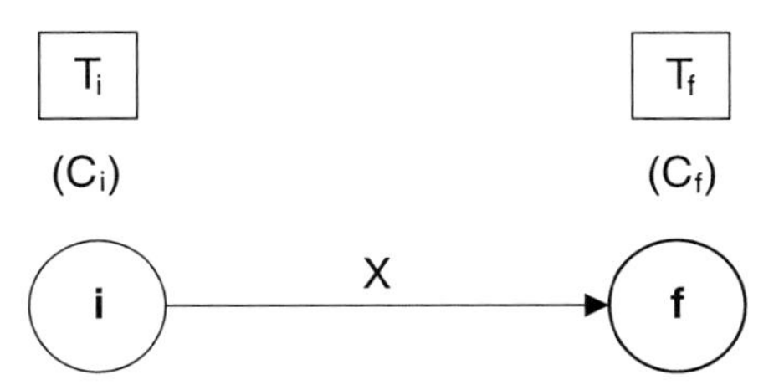


**Figura 4.13:** Esquema simplificado de cedo e tarde.

A primeira folga a ser apresentada é a folga total, que representa uma quantidade de tempo que a atividade possui para ser reprogramada sem interferir no prazo de entrega do projeto.

A atividade que não possui folga total não possui nenhuma flexibilidade para ser reprogramada sem alteração do prazo final do projeto. Portanto, a gestão do projeto deve ter atenção a essas atividades, para que não ocorram atrasos nas suas respectivas execuções. Caso ocorram, não haverá como absorvê-los e o prazo de entrega será alterado. Apoiando-se nesse raciocínio, e nas convenções adotadas para o cálculo de cedo e tarde dos eventos da rede, podemos adotar para as atividades que possuem folga total igual a "zero" a denominação de atividades críticas. Também podemos afirmar que todo projeto apresentará pelo menos um caminho crítico, que ligará o evento inicial ao final do projeto, por meio de atividades críticas.

A segunda folga a ser apresentada é a folga livre, que representa a quantidade de tempo que uma atividade possui para ser reprogramada sem causar alterações nas programações das atividades seguintes. Essa folga respeita as datas de início das atividades subsequentes, portanto, utilizando-se a quantidade de folga livre para a reprogramação de alguma atividade, não ocorrerá nenhuma outra reprogramação de atividades do projeto. A folga livre é o tempo que pode ser utilizado sem acarretar qualquer outra alteração ao projeto.

A folga livre e a folga total são as folgas mais utilizadas para analisar a reprogramação de atividades.

A próxima folga a ser apresentada é a folga dependente, que representa a quantidade de tempo que uma atividade possui para ser reprogramada sem alterar o prazo de entrega do projeto, mas sabendo que seu início não será mais a partir do cedo inicial (a primeira chance), mas, sim a partir do tarde inicial, pois as atividades antecedentes estão sendo realizadas nas suas datas limites (programação tarde). A folga dependente depende das atividades anteriores.

A última folga a ser apresentada é a folga independente, que representa a quantidade de tempo que uma atividade possui para ser reprogramada, sabendo que sua data de início será a partir do tarde inicial, pois as atividades antecedentes estão sendo realizadas nas suas datas limites (programação tarde), mas mesmo assim, não desejam interferir na programação das seguintes. A folga independente é a quantidade de tempo que pode ser utilizada na reprogramação de uma atividade, independente da execução das anteriores e, deixando o restante do projeto independente da alteração realizada, pois ela não interfere na programação das seguintes. A folga independente é a mais "folgada" que existe! Durante o cálculo da folga independente poderão ocorrer valores negativos, que serão tratados como folgas "zero".

## Formulação matemática

Folga total: FT:
$$FT = T_{disp} - dur$$
$$FT = (T_f - C_i) - dur$$

Folga livre: FL: $FL = (C_f - C_i) - dur$

Folga dependente: FD: $FD = (T_f - T_i) - dur$

Folga independente: FI: $FI = (C_f - T_i) - dur$

A Figura 4.14 apresenta um diagrama de folgas.

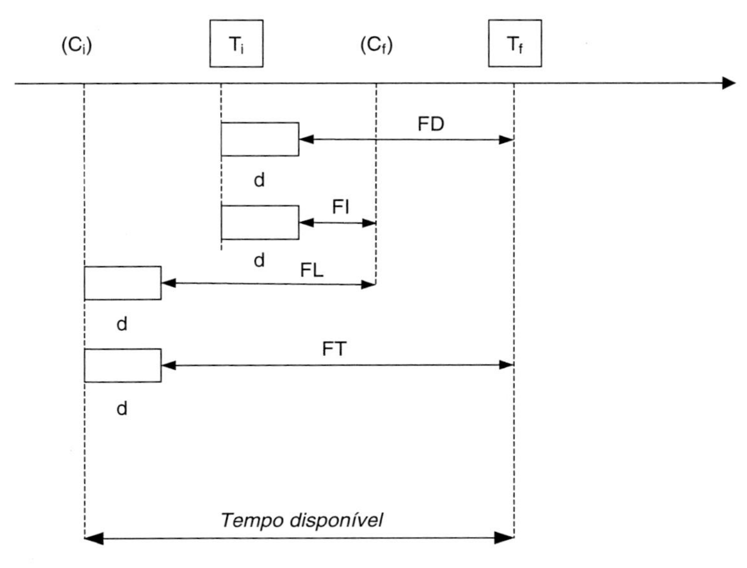


**Figura 4.14:** Diagrama de folgas.

## Exemplo

A partir do exemplo da casa, no qual definiram-se as durações e as datas da programação, obtém-se as folgas do projeto.

**Tabela 4.5:** Folgas do projeto

| ID | ATIVIDADES | PREC | DUR | PDI | PDT | UDI | UDT | FT | FL |
|---|---|---|---|---|---|---|---|---|---|
| RES | Construção da casa | | | | | | | | |
| RES | Fase 1 | | | | | | | | |
| A | Limpeza e preparo do terreno | -- | 1 | 0 | 1 | 0 | 1 | 0 | 0 |
| B | Fundações | A | 3 | 1 | 4 | 1 | 4 | 0 | 0 |
| C | Alvenaria e estruturas | B | 6 | 4 | 10 | 4 | 10 | 0 | 0 |
| D | Colocação da laje | C | 1 | 10 | 11 | 10 | 11 | 0 | 0 |
| E | Esgoto | B | 1 | 4 | 5 | 22 | 23 | 18 | 18 |
| F | Madeiramento | D | 4 | 11 | 15 | 11 | 15 | 0 | 0 |
| G | Cobertura (telhado) | F | 1 | 15 | 16 | 16 | 17 | 1 | 1 |
| RES | Fase 2 | | | | | | | | |
| H | Instalação hidráulica | D | 3 | 11 | 14 | 14 | 17 | 3 | 3 |
| I | Instalação elétrica | F | 2 | 15 | 17 | 15 | 17 | 0 | 0 |
| J | Revestimento/acabamento | G,H,I | 6 | 17 | 23 | 17 | 23 | 0 | 0 |
| K | Pintura | E,J | 4 | 23 | 27 | 23 | 27 | 0 | 0 |
| L | Limpeza geral | K | 1 | 27 | 28 | 27 | 28 | 0 | 0 |
| MAR | Entrega da casa | | 0 | | 0 | 0 | 0 | 0 | 0 |

## 52. Caso: Atraso na entrega do velódromo

Uma das obras de maior destaque no Parque Olímpico no Rio de Janeiro foi o velódromo. A obra envolveu certa complexidade técnica, em função dos requisitos que a pista deveria atender. A construtora responsável alega que o atraso de quatro meses para o início da obra ocorreu devido aos erros nos projetos básico e executivo.

O Confea definiu, em 1991, as etapas de um "Projeto Básico", por meio da Resolução 361. Já a Decisão Normativa 106 conceitua o termo mais amplo "Projeto".

O **projeto é compreendido como** a somatória do conjunto de todos os elementos conceituais, técnicos, executivos e operacionais abrangidos pelas áreas de atuação, pelas atividades e pelas atribuições dos profissionais da engenharia e arquitetura e urbanismo. O termo genérico "projeto" é definido como um conjunto constituído pelo projeto básico e pelo projeto executivo.

O que é compreendido como projeto básico é um conjunto total de projetos a serem apresentados para a caracterização da obra enquanto o projeto executivo orienta a execução. De acordo com a construtora, quando houve a assinatura de contrato para a execução, os projetos tiveram que ser refeitos, pois havia risco para os usuários. Dessa forma, houve mudança no escopo do contrato e, com os atrasos, a prefeitura do Rio de Janeiro autorizou um aditivo de R$25 milhões ao orçamento inicial de R$118 milhões. Apesar desse esforço todo, a previsão de entrega da obra foi para junho do referido ano, mas os mais otimistas esperavam para os Jogos, o que não permitiria um evento teste.

Uma empresa foi contratada em 2014 e disse que o rompimento do contrato pela Empresa Olímpica Municipal (OEM) em 17 de maio de 2016 foi questionável, pois houve atraso nos repasses da prefeitura. A empresa contratada estava em recuperação judicial e a empresa subcontratada, em fevereiro de 2016, assumiu a obra. Basicamente o velódromo deveria ter sido entregue em dezembro de 2015, mas em junho de 2016 havia somente 88% da obra executada.

## 53. Gráfico PERT-CPM

O diagrama PERT-CPM ou gráfico de Gantt é um dos principais recursos visuais utilizados pela programação de projetos. Ele permite, entre outros importantes auxílios, a identificação de quais atividades estão planejadas para ocorrerem num determinado período. O diagrama PERT-CPM não substitui a rede, ele é um diagrama complementar. É importante ficar com um olho na rede e outro no diagrama, pois isso facilita efetuar ajustes. Enquanto a rede nos permite identificar as precedências, o diagrama PERT-CPM nos permite a visualização conjunta das atividades no tempo.

Ao construir um diagrama PERT-CPM é importante definir uma legenda, adotando uma representação gráfica para cada elemento indicado. Não há uma convenção padrão que indique quais elementos e como representá-los. Nesse texto, adotam-se os seguintes elementos para a construção de um diagrama PERT-CPM: o tempo disponível, as atividades críticas, a programação cedo e a programação tarde.

O primeiro passo para a elaboração do diagrama PERT-CPM é identificar o tempo disponível. A representação sugerida é um traço com duas ponteiras (no início e no fim). O tempo disponível vai da primeira data de início até a última data de término, o que equivale ao cedo inicial e ao tarde final. Após o tempo disponível, inicia-se a indicação das atividades, que serão representadas por barras de tamanho proporcional às suas durações.

O segundo passo é identificar as atividades críticas. A atividade crítica é caracterizada pela folga total igual a zero. A relação entre a duração e o tempo disponível é que elas são iguais. Esta condição gera uma representação distinta, pois ao indicar a barra de tamanho proporcional a duração de uma atividade crítica, verificaremos que ela ocupa todo o tempo disponível. Ela ocupa toda a sua "janela de tempo" de programação, que é definida pelo tempo disponível. Indicaremos as atividades críticas, com um retângulo preenchido por inteiro, buscando chamar a atenção para elas. Após indicar todas as atividades críticas, verificaremos os caminhos críticos do projeto e as suas relações de dependência entre suas atividades, do início ao final do projeto.

Podemos destacar algumas considerações sobre o caminho crítico:

- Sempre haverá um caminho crítico? Resposta: Sim.
- Poderá haver mais de um caminho crítico? Resposta: Sim
- É possível que todas as atividades de um projeto sejam críticas?

Resposta: Sim, mas eu não gostaria de ser o gestor desse projeto!

Na sequência identifica-se a programação cedo, que é a primeira chance para programar uma atividade. Ela será representada com um retângulo vazado. A partir do cedo inicial da atividade (início do tempo disponível, já indicado), alonga-se uma barra de tamanho proporcional a duração da atividade.

Para a indicação da programação tarde, que é a última chance para execução da atividade, parte-se do tarde final (final do tempo disponível, já indicado) e retrocede-se uma barra proporcional a duração da atividade. Adota-se aqui um retângulo hachurado para indicação da programação tarde.

Podemos observar que não se faz necessário indicar as programações cedo e tarde para as atividades críticas, pois serão iguais, ocuparão o mesmo espaço.

Com isso, o diagrama PERT-CPM fica completo e para cada atividade ficam representadas as chances extremas para que ela seja programada, a primeira e a última chance. A Figura 4.15 apresenta a convenção.

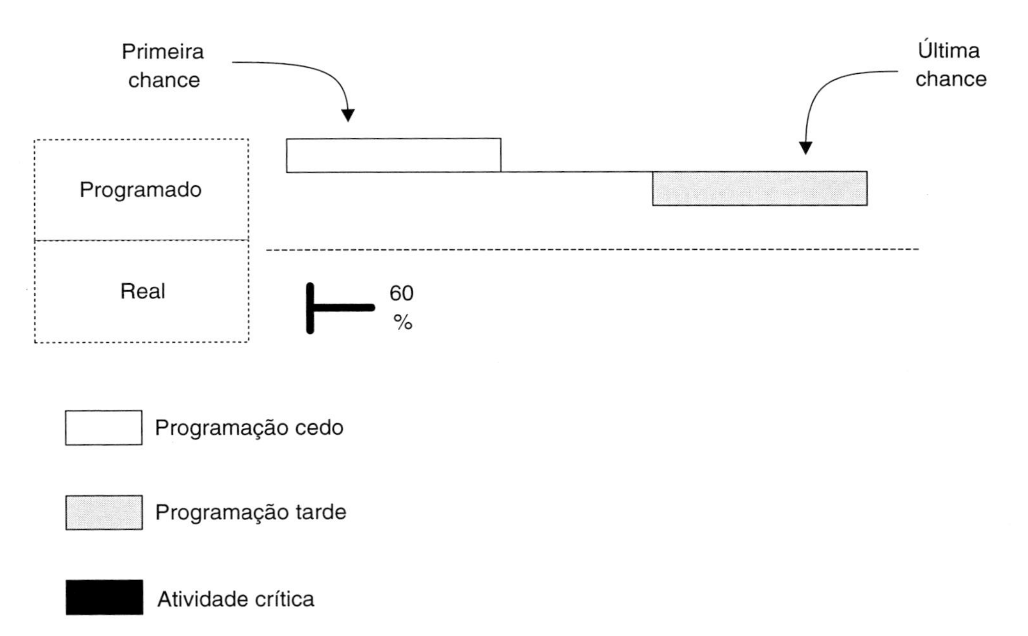


**Figura 4.15:** Convenção diagramas PERT-CPM.

## Exemplo

Adotando-se a programação cedo e tarde, executada na rede de atividades, ilustra-se a seguir a construção de um diagrama PERT/CPM (Figura 4.15). Adotaram-se algumas simplificações para facilitar a visualização e a aplicação dos conceitos que serão apresentados:

- As durações foram estimadas em unidades de tempo (ut).
- A escala de tempo representada no diagrama PERT/CPM está indicada em unidades de tempo (ut), de forma sequencial.

## 54. A Lei de Murphy Aplicada à Gestão de Projetos

Todo mundo já ouviu falar das Leis de Murphy, mas pouca gente sabe que Murphy realmente existiu.

Edward Murphy foi capitão da Força Aérea americana e um dos engenheiros envolvidos nos testes sobre os efeitos da desaceleração rápida em pilotos de aeronaves. Para avaliar os efeitos da desaceleração rápida em pilotos de aeronaves, Murphy projetou um equipamento para registrar os batimentos cardíacos e a respiração dos pilotos simultaneamente. Um técnico foi o responsável pela instalação do aparelho que entrou em pane. Ao ser chamado para ver o que havia acontecido, Murphy descobriu que o técnico não havia instalado corretamente o aparelho e, a partir deste evento, ele formulou a sua lei mais conhecida: "Se alguma coisa tem a mais remota chance de dar errado, certamente dará."

Várias de suas leis são aplicáveis à gestão de projetos, como podemos ver a seguir:

1. Enunciado popular: Se algo pode dar errado, certamente dará errado.

Corolários:

1. Nada é tão fácil quanto parece.
2. Tudo leva mais tempo do que se pensa.
3. Toda vez que você decide fazer alguma coisa, tem sempre outra coisa para ser feita antes.

Antilei de Murphy: Das coisas que não têm a menor chance de dar errado, algumas darão.

Constante de Murphy: O material é danificado na proporção do seu valor.

Quantificação da lei: O material é danificado na proporção direta do seu valor.

Lei da Termodinâmica de Murphy: As coisas pioram bem sob pressão.

Além das Leis de Murphy, cabe ressaltar alguns provérbios inspirados pela prática de gerenciamento de projetos, que alertam sobre algumas verdades empíricas relacionadas com as estimativas (IBM, 1992; KEZNER, 1984):

1. O mesmo trabalho sob as mesmas condições será estimado diferentemente por 10 profissionais ou por um profissional em 10 oportunidades distintas.
2. Você pode obrigar um louco a aceitar um prazo, mas não pode obrigá-lo a cumprir.
3. As condições para o cumprimento de um prazo são esquecidas, mas o prazo é lembrado.

4. O que não está no papel não foi dito.
5. Uma mensagem pode ser interpretada de várias formas, a mais inconveniente é a correta.
6. Um projeto nunca será concluído dentro dos prazos, dos orçamentos e com as mesmas pessoas que começaram (previstas).
7. As atividades andam bem até atingirem 90%, daí em diante, levam uma eternidade.

Portanto, não esqueçam de Murphy em suas estimativas e considerações ao planejar e programar seus projetos!

## 55. Caso: Transnordestina — como atrasar um cronograma

A ferrovia Transnordestina foi concebida para ligar a cidade de Eliseu Martins (Piauí) ao Porto de Suape (Pernambuco) e ao Porto de Pacém (Ceará), com um traçado de 1.753 km. O objetivo do projeto era minimizar os recursos e tempo de implantação, e garantir serviços logísticos com qualidade e baixo custo. Entretanto, a cronologia do projeto revela uma situação diferente. A primeira estimativa de custos era de R$4,5 bilhões e a operação deveria começar em 2010 (PEREIRA, 2016).

Em 1997, a concessão da Malha foi feita para a CSN. Em 1998, criou-se a Companhia Ferroviária do Nordeste (CFN) para administrar a malha ferroviária do Nordeste que era da Rede Ferroviária Federal, para a exploração e desenvolvimento do transporte de cargas. Em 2002, iniciaram-se os estudos para a implantação da ferrovia Transnordestina. A execução da obra teve início em 2006. A previsão de início de operação da ferrovia em 2010 não foi cumprida. Em 2012, houve uma nova configuração da estrutura societária da empresa para aumentar a captação de recursos para a obra. A nova estimativa inicial de recursos era de R$5,4 bilhões, mas após as negociações, subiu para R$7,5 bilhões. Entretanto, os recursos não foram suficientes para concluir a ferrovia. Quando houve a renegociação com o governo federal, o valor chegou a R$10 bilhões. Ao término de outubro de 2016, a execução da obra tinha cumprido somente metade do previsto. A próxima data para o término não deve ser antes de 2020 (PEREIRA, 2016).

Como é possível chegar a um valor maior do que o dobro previsto inicialmente?

Toda obra começa com um estudo de viabilidade técnica e econômica. O transporte de minério de ferro, o agronegócio e o desenvolvimento da região eram as principais justificativas para a obra em 2003, mas as previsões já informavam que não era suficiente. Um projeto executivo avaliaria as condições do solo e as 80 cidades em três estados que faziam parte do trajeto da ferrovia criaram entraves burocráticos para as desapropriações. Houve um contencioso também entre a CSN e a principal empreiteira da obra, que levou à retirada da empreiteira da obra. A nova empreiteira que assumiu a obra também foi afastada. A cada interrupção da obra, muitos serviços, ao serem retomados, tiveram que ser refeitos (PEREIRA, 2016). Nessa situação, para atrair novos parceiros, somente o compromisso com um novo cronograma que seja efetivamente cumprido possibilitaria a atração de novos investidores. Em fevereiro de 2017, a estatal chinesa China Communications Construction Company (CCCC), que comprou 80% da Concremat, iniciou negociações com a CSN, para a compra parcial ou total da participação na Transnordestina. Entretanto, o governo federal procurava alternativas, o que poderia significar o governo tocar a obra sozinho (BORGES & SCARAMUZO, 2017). Para minimizar todos os gastos que já ocorreram só resta terminar a obra.

## 56. Caso: 130 rodovias federais

No período de 2012 a 2014, o governo federal leiloou sete lotes de rodovias, com deságios que chegaram a 61%. De acordo com os editais, as estradas receberão um investimento de R$36 bilhões durante os 30 anos de concessão, dos quais R$20 bilhões devem ser investidos nos primeiros 5 anos. Um levantamento feito pelo jornal *O Estado de São Paulo*, de 31 de julho de 2016, com base nos relatórios da Agência Nacional de Transportes Terrestres (ANTT) para 2015 e 2016, mostrou que 130 obras estavam com o cronograma atrasado. Esse conjunto de obras estava nas mãos de 5 das 6 concessionárias que venceram os leilões de 5.342 km de estradas federais (PEREIRA, 2016).

As justificativas dos atrasos estavam relacionadas com a morosidade das desapropriações, o licenciamento ambiental e a crise econômica que gerava falta de alinhamento entre o gerenciamento do fluxo de caixa e o plano de negócios das empresas. Em função deste quadro, o BNDES passou a ser mais rígido na concessão de empréstimos. Houve ainda um aumento de 80% do preço do asfalto. Houve atraso na duplicação de 10% das rodovias referentes ao primeiro ano, conforme estabelecido em contrato, o que postergou outras melhorias previstas no cronograma (PEREIRA, 2016).

A rodovia BR-050 entre Goiás e Minas Gerais, com extensão de 436 km e investimento de R$3 bilhões, está sob a responsabilidade de uma concessionária que apresentou um documento dizendo que estava em dia com o contrato, mas teve dificuldade para a obtenção de empréstimos para cumprir os investimentos dos primeiros 5 anos (PEREIRA, 2016).

A rodovia BR-101 entre a Bahia e o Espírito Santo, com extensão de 475 km e investimento previsto de R$3,8 bilhões obteve o financiamento do BNDES. Entretanto, há 47 obras em atraso, em função de embargos de prefeituras locais e atraso nos licenciamentos ambientais (PEREIRA, 2016).

A rodovia BR-163, no Mato Grosso do Sul, com extensão de 845 km e investimento de R$5,5 bilhões também estava com o cronograma atrasado. Em nota da empresa, os postos policiais já haviam sido entregues e os projetos dos postos de pesagem estavam em análise na ANTT enquanto os terrenos estavam em processo de desapropriação. Os primeiros trechos foram duplicados antes do prazo, os outros estavam em andamento (PEREIRA, 2016).

A rodovia BR-060/153/262, entre o Distrito Federal, Goiás e Minas Gerais, com extensão de 1.176 km e investimento de R$7,1 bilhões, estava com o cronograma atrasado (PEREIRA, 2016).

A rodovia BR-163, no Mato Grosso, com extensão de 850 km e investimento de R$5,5 bilhões, estava em uma situação diferente. A concessionária realizou todos os investimentos previstos em contrato. Duplicou a estrada na região do Rondonópolis no primeiro ano e suspendeu o início da obra de duplicação na região de Mutum, até obter o empréstimo, o que paralisou mais de 540 equipamentos pesados que já estavam na região (PEREIRA, 2016).

A rodovia BR-153, entre Goiás e Tocantins, com extensão de 624 km e investimento de R$4,3 bilhões, não havia iniciado por falta de financiamento. A empresa já foi autuada 28 vezes pela ANTT por descumprimento do contrato (PEREIRA, 2016).

A rodovia BR-040, entre o Distrito Federal e Minas Gerais, com extensão de 936 km e investimento de R$6,6 bilhões possuía 25 obras entre duplicações e passarelas e 20 serviços de atendimento ao usuário com o cronograma atrasado (PEREIRA, 2016).

As estimativas de duração das atividades devem considerar tanto os fatores próprios do setor, neste caso, problemas de licenciamento ambiental, desapropriações quanto fatores econômicos, que são determinantes para a liberação de empréstimos. O problema é que há fatores imponderáveis para determinar as folgas necessárias na estimativa da duração das atividades, pois a obra pode ser interrompida indefinidamente.

## 57. Caso: Atraso na extensão da linha 9 da CPTM

A extensão da Linha 9, Esmeralda (Osasco e Grajaú), da Companhia Paulista de Trens Metropolitanos (CPTM), prevê a construção de 4,5 km e duas novas estações, Vila Natal e Varguinha. O projeto deve beneficiar 110 mil pessoas além das 601 mil que já utilizam o serviço diariamente. A extensão da Linha 9 da CPTM na Grande São Paulo teve o contrato assinado em setembro de 2013, no valor de R$273,9 milhões com dois consórcios e prazo de conclusão de 27 meses, com início de operação em janeiro de 2016. A obra seria financiada 40% pelo governo estadual e 60% com recursos do PAC pelo governo federal, através do Ministério das Cidades (LEITE, 2016).

Em setembro de 2016, o governo paulista anunciou que o cronograma para a finalização da obra foi adiado para 2018. Em junho de 2015 a CPTM publicou dois termos aditivos e elevou o valor dos contratos para R$338,9 milhões. O motivo é que o Ministério das Cidades exigiu a adequação da modalidade de licitação de "menor preço global" para "preço unitário". O governo paulista estava disposto a aumentar a sua participação no projeto em R$100 milhões para utilizar os recursos do PAC somente para os serviços complementares (LEITE, 2016).

Mas com a necessidade de nova licitação pela modalidade de custo unitário as obras foram paralisadas. Essa paralisação reduziu o valor do contrato para R$214,4 milhões. Essa readequação do cronograma físico-financeiro da obra demorou até março de 2017, quando a CPTM anunciou duas novas contratações. Um consórcio venceu a licitação realizada pela Secretaria de Transportes Metropolitanos de São Paulo para a construção do lote 02 do empreendimento, com investimentos de R$118 milhões e prazo de execução previsto para 18 meses.

Para fins didáticos, a Estrutura Analítica do Projeto (EAP), representada em forma de itens, prevê as seguintes obras (TIISA, 2017):

1. **Via Permanente**
    - Sistema composto por duas vias em superfície.
    - Execução de infraestrutura de via permanente contemplando terraplenagem, drenagem e obras de contenção.
    - Fornecimento e montagem da superestrutura de via permanente sobre lastro, em dormentes de concreto, trilho UIC 60, incluindo pátio de estacionamento de trens e sistema de atenuação de ruídos e vibrações.

2. **Rede Aérea de Tração**
   - Fornecimento e montagem de rede aérea de tração, sistema autocompensado, tensão.
   - 0kVcc para as vias e pátios de estacionamento de trens.
3. **Obras de Arte Especiais**
   - Execução de obras de arte especiais englobando viadutos ferroviários, rodoviários e transposições para pedestres.
4. **Estações**
   - Estação Varginha: localizada ao norte da Av. Paulo Guilger Reimberg, junto ao futuro terminal de ônibus urbano. Prevê-se uma plataforma central, em nível, com acesso ao mezanino de embarque/desembarque, lados leste e oeste, por escadas rolantes.

## 58. Quanto Custa o Atraso do Trecho Norte do Rodoanel?

O trecho Norte do Rodoanel possui extensão de 47,6 km e custo estimado de R$6,9 bilhões. A obra foi fracionada em seis lotes, dos quais quatro apresentaram problemas de demora na desapropriação de imóveis. A previsão de entrega era em fevereiro de 2016, acabou sendo postergada para 25 de março de 2018. Em outubro de 2016, a obra tinha 94% de sua área total desapropriada e somente 48% das obras concluídas.

O resultado desse atraso de dois anos gerou um aditivo estimado naquela data de R$157,7 milhões, aprovado pela Procuradoria Geral da União e pelo Banco Interamericano de Desenvolvimento, que financia 30% do empreendimento. O custo será maior quando a situação dos dois lotes remanescentes for avaliada. No lote 3 houve um aumento de R$51 milhões e R$39,2 milhões no lote 5, no qual um túnel desabou em 2014 (LEITE, 2016).

As empreiteiras solicitaram uma adequação econômico-financeira no início de 2016, pois o atraso nas desapropriações encareceu os custos dos serviços. O pedido inicial era de R$716 milhões, mas a Dersa estimou em junho de 2016 que o valor seria inferior a R$400milhões. A Dersa informou que 95% das desapropriações ocorreram judicialmente, que possui um cronograma próprio. Mas o Ministério Público de Guarulhos está investigando um suposto desvio de R$1,3 bilhão, mirando eventuais superfaturamentos no pagamento de desapropriações. A Polícia Federal investiga a denúncia de um aumento de R$420 milhões em serviços de terraplanagem que obteve a autorização da Dersa em benefício das empreiteiras. A estatal nega, mas admite um aumento de R$170 milhões, para a execução de novos serviços que não constavam no projeto básico (LEITE, 2016).

Em 1° de março de 2017 o custo adicional da obra já era de R$235 milhões e havia 55% da obra concluída (LEITE, 2016). Esse aumento em relação à expectativa inicial de R$157,7 milhões em outubro de 2016 só demonstra que o aumento dos custos possui uma dinâmica que torna inepta qualquer estimativa. Se analisarmos o problema sob a ótica de uma rede PERT-CPM, tudo indica que o caminho crítico passa pela atividade "desapropriação de propriedades", e, provavelmente, a estimativa de tempo relacionada com esta atividade falhou (supondo que ela tenha sido considerada).

## Referências

ARAÚJO, L.E.D. (2012) Operacionalização e reconfiguração de redes de construção civil. Tese (Doutorado em Engenharia de Produção). Escola de Engenharia de São Carlos da Universidade de São Paulo, EESC-USP.

BORGES, A.; SCARAMUZO, M. (2017) Gigante chinesa negocia parceira com CSN no projeto da Transnordestina. O Estado de São Paulo, Economia, B10, 16 de fevereiro.

CFF. (2015) La construction du tunnel de base du Saint-Gothard (3e partie). Blog CFF, 3 de junho de 2015. URL:http://blog.cff.ch/la-construction-du-tunnel-de-base-du-saint-gothard/2015/06/03/. Acesso em: 2 de junho de 2016.

CHADE, J. (2016) Suíça inaugura o maior túnel do mundo. O Estado de São Paulo, Economia, B14, 1 de junho.

CONFEA. Projeto, projeto básico, projeto executivo. URL: http://www.confea.org.br/cgi/cgilua.exe/sys/start.htm?sid=1766. Acesso em: 2 de junho de 2016.

DEUTSCHE WELLE. (2016) Como os suíços executam megaobras a tempo e no orçamento. Folha on-line, 30 de maio. URL: http://www1.folha.uol.com.br/mercado/2016/05/1776362-dentro-do-cronograma-e-sem-custo-extra-suica-conclui-tunel-apos-17-anos.shtml. Acesso em: 2 de junho de 2016.

DOLZAN, M. (2016) Construtora culpa erro em projeto por atraso no velódromo. O Estado de São Paulo, 1 de junho.

IBM. (1992) Gerência de projetos. Apostila IBM Educação, p. 191.

KERZNER, H. (1984) Project management – a system approach to planning, scheduling and controlling. 2 ed. New York: Van Nostrand Reinhold Company, p. 937.

LEITE, F. (2016) Atraso encarece Rodoanel em R$157,7 milhões. O Estado de São Paulo, Metrópole, A25, 3 de outubro.

LEITE, F. (2016) Extensão da linha 9 da CPTM atrasa e fica para 2018. O Estado de São Paulo, Metrópole, B9, 30 de setembro.

MARTUCCI, R. (1990) Projeto tecnológico de edificações. Tese (Doutorado em Arquitetura e Urbanismo). Faculdade de Arquitetura e Urbanismo da Universidade de São Paulo, FAU/USP.

MUSETTI, M. (2009) Planejamento e controle de projetos (Capítulo 3). In: ESCRIVÃO FILHO, E. Gerenciamento na construção civil. São Carlos, Projeto Reenge, setor de publicação da EESC-USP.

O ESTADO DE SÃO PAULO. (2008) MP diz que obra do metrô foi apressada e mudou especificações originais. 20 de março.

PEREIRA, R. (2016) Brasil tem cerca de 5 mil obras paradas. O Estado de São Paulo, Economia, B7.

PEREIRA, R. (2016) Cento e trinta obras em rodovias estão atrasadas. O Estado de São Paulo, Economia, B9, 31 de julho.

PEREIRA, R. (2016) Transnordestina, após 10 anos, ainda está pela metade. O Estado de São Paulo, Economia, B4, 16 de outubro.

TIISA. (2017) CPTM Linha 9 – Esmeralda. URL: http://www.tiisa.com.br/destaques/cptm-linha-9-esmeralda. Acesso em: 20 de junho de 2017.

# Capítulo 5
# RECURSOS

## Resumo

Desenvolver o cronograma é o processo de análise de sequências das atividades, suas durações, recursos necessários e restrições do cronograma visando criar o cronograma do projeto. A entrada das atividades, durações e recursos na ferramenta de elaboração de cronograma gera um cronograma com datas planejadas para completar as atividades do projeto. Quais são as ferramentas e técnicas para elaborar o cronograma do projeto? Nesse módulo serão discutidos o que são recursos-chave e como identificá-los, como elaborar o histograma de recursos, além de apresentar o nivelamento de recursos que é uma técnica de análise de rede de cronograma aplicada a um cronograma que já foi analisado pelo método do caminho crítico.

## Objetivos instrucionais

Apresentar o gerenciamento do tempo do projeto aplicado à construção civil, dissertando sobre os recursos de um projeto.

## Objetivos de aprendizado

Após a leitura deste capítulo espera-se que o leitor seja capaz de:

- Compreender o processo de estimar e alocar os recursos necessários no projeto.
- Compreender como realizar o nivelamento e limitante máximo de recursos.

## 59. Programação de Recursos

Olhando para o diagrama PERT-CPM, com todos os seus elementos: programações cedo e tarde, tempo disponível e caminhos críticos, temos uma primeira ideia de como nosso projeto está distribuído ao longo do tempo. No entanto, não temos uma definição para firmar uma programação pela qual a execução poderia assumir para iniciar as atividades do projeto. Qual seria a melhor opção para fixar uma programação de partida (inicial) para o projeto? Adotaríamos a programação cedo? A tarde? Ou alguma outra intermediária?

Observemos que, até o momento, estas programações foram montadas independentemente da disponibilidade de recursos, ou seja, temos recursos ilimitados para realizar o projeto. Obviamente, essa condição passa muito "longe" do que encontramos no dia a dia de nossos projetos, de nossas restrições orçamentárias. A realidade da disponibilidade de recursos é limitante em vários de seus aspectos, como, por exemplo, na construção civil: mão de obra, equipamentos, recursos informatizados, materiais e financeiros ("o dinheiro é a mãe de todos os recursos"). Portanto, para definirmos uma programação de execução para um projeto, devemos considerar os recursos-chave por ele demandado. Um recurso-chave é aquele que está diretamente associado a definição da duração da atividade. Durante o processo de definição das durações das atividades, comentamos que implicitamente também estavam sendo considerados os recursos empregados pela atividade. Agora, explicitamente, temos a definição dos recursos-chave (diferentes tipos) e a quantidade associada a cada atividade. Desta forma, podemos definir uma primeira programação de base para iniciar as considerações sobre a alocação dos recursos ao longo do tempo.

Entre as possíveis programações, a programação cedo é o ponto de partida, a programação *default*, de muitos *softwares* de gestão de projetos. Ela é a primeira data possível de se realizar as atividades e, portanto, possui a vantagem de resguardar as folgas das atividades, que poderão ser úteis, caso ocorram problemas nas execuções.

Definida uma programação de partida, que no nosso caso será a cedo, podemos alocar os recursos-chave às atividades do projeto e por meio de uma linha de somatório (dia a dia do projeto, verificar quais atividades estão programadas e o total de recursos utilizados por elas) ou de um histograma, visualizar o comportamento da utilização dos recursos ao longo do tempo. Para cada recurso diferente um histograma próprio.

No histograma os recursos são alocados no eixo Y e a duração no eixo X. O histograma é composto por blocos nos quais a altura refere-se à quantidade de recursos necessária e a base do bloco será a duração. A partir do gráfico PERT-CPM, representa-se a duração no eixo X.

É interessante iniciar o histograma pelas atividades críticas, construindo uma base, pois elas terão uma chance menor para serem alteradas. Após carregar todas as atividades críticas, procede-se a representação das demais atividades com seus respectivos recursos, sempre considerando a primeira chance de programação de cada atividade (programação cedo).

O único cuidado a ser tomado é não deixar que ocorram espaços vazios no interior do histograma, evitando que se mascare o nível de utilização dos recursos naquele período de programação. Graficamente, podemos corrigir estas falhas com a quebra de alguns blocos de atividades para melhor encaixá-los. Pode-se fazer uma analogia do histograma de recursos com o jogo Tetris: não pode haver espaço vazio entre os blocos, conforme apresentado na Figura 5.1.

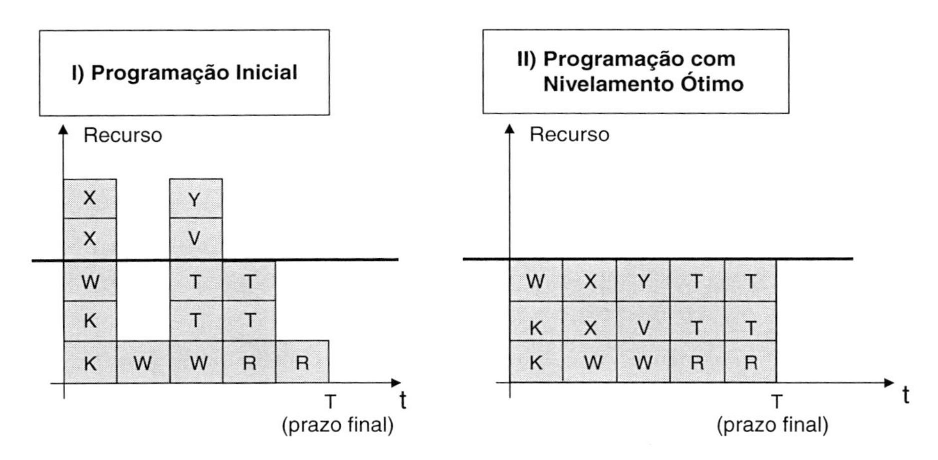


**Figura 5.1:** Representação de uma programação de recursos.

## 60. Problemas Típicos de Recursos

Visualizando o comportamento dos recursos ao longo do tempo, via o histograma de recursos ou linha de somatório, há dois procedimentos típicos que podem motivar uma reprogramação: o nivelamento e o limitante máximo de recursos.

- O **nivelamento** procura evitar variações significativas de utilização de recursos em curtos períodos (tenta homogeneizar a utilização dos recursos ao longo do projeto). As reprogramações realizadas num nivelamento respeitam o prazo final do projeto, ou seja, são realizadas utilizando as folgas existentes. **O prazo final do projeto é fixo.**
- O **limitante máximo de recurso** objetiva encontrar uma programação que atenda a imposição deste limitante (programação viável), na qual todos

os períodos do projeto utilizem, no máximo, o limite de recurso fixado (**o nível de recurso é fixo**). Caso não seja possível encontrar uma programação viável, reprogramando as atividades dentro das folgas existentes, aumentamos o projeto em uma unidade de tempo e reavaliamos a possibilidade. Este procedimento iterativo de aumento da duração de uma em uma unidade de tempo é repetido até viabilizarmos a programação dentro do limite de recursos definido. Desta forma, garantimos que o limitante será atendido na menor duração possível.

## Nivelamento de recursos

O procedimento para o nivelamento de recursos, adotando-se como programação de partida a programação cedo, deve observar os seguintes passos:

1. Identificar as situações de "picos" e "vales" na utilização de recursos.
2. Fazer a reprogramação com o objetivo de eliminar os "picos" ou "vales", garantido uma utilização mais homogênea dos recursos.

**Dica**: durante o nivelamento (reprogramação das atividades), podem-se utilizar prioritariamente as folgas livres das atividades para, em seguida, consumir a folga total.

## Limitação de recursos

O procedimento para a limitação de recursos deve observar os seguintes passos:

1. Identificar o limitante máximo ou mínimo dos recursos disponíveis.
2. Verificar se a programação inicial respeita os limites definidos.
3. Se houver algum período de superalocação de recursos, o que é comum, deve-se estudar reprogramar as atividades alocadas neste período, buscando atender ao limitante de recursos imposto.
4. Caso a utilização das folgas para a reprogramação não seja possível, inicia-se um processo iterativo de aumento da duração final do projeto de uma unidade de tempo e repete-se o procedimento até encontrar uma solução viável.

**Dica**: Terminada a resolução de um problema de limitante máximo de recurso, em muitas situações, há oportunidade de melhorar a alocação de recursos (homogeneizar) aplicando-se um procedimento de nivelamento.

## Exemplo

Para a resolução dos problemas de utilização de recursos no caso exemplo apresentado, adotam-se algumas convenções, buscando priorizar a didática em detrimento a situações viáveis na prática.

Os limitantes de recursos apresentados são fixos; não há possibilidade de aumentá-los ou reduzi-los (contratação ou demissão). Também não há possibilidade da execução de horas extras ou de compra de serviço externo.

As durações das atividades não são dirigidas pelos recursos. Não é possível o acréscimo da duração de uma atividade visando à redução do número de recursos utilizados por unidade de tempo e vice-versa. Numa situação prática, deve-se rever o planejamento, procedendo-se a alteração pertinente quanto aos níveis de recursos e durações. As atividades não poderão ser divididas. Durante a definição de programação do projeto, uma atividade não poderá ter início, ser interrompida e reiniciada em outra data, pois isso indicaria uma necessidade de replanejamento, já que essa atividade deveria constar no planejamento como duas atividades com durações proporcionais à divisão adotada e não como uma única atividade com uma única duração. Todos os valores de limitantes de recursos e suas alocações às atividades foram didaticamente definidos. Fixadas as convenções atrás indicadas e visando-se a eliminação de problemas com limitações de recursos, levantam-se os recursos-chave para a construção da residência proposta e as suas respectivas disponibilidades limite (Problema de Limitante de Recursos), indicados na Tabela 5.1.

Os recursos constituem-se basicamente de mão de obra, dividida pelas especialidades funcionais características à construção civil, conforme exemplo da Tabela 5.1.

**Tabela 5.1:** Recursos chaves para a construção da residência

| Recursos Chaves | Unidades Máximas |
|---|---|
| Carpinteiro | 1 |
| Eletricista | 1 |
| Empreiteiro | 1 |
| Encanador | 1 |
| Marceneiro | 1 |
| Pedreiro | 1 |
| Pintor | 2 |
| Servente | 3 |

O passo seguinte é a verificação quanto à existência de superalocação de recursos. Para tanto, deve-se apontar, para cada barra de atividade indicada no diagrama PERT/CPM, a quantidade de recursos utilizada por unidade de tempo, como indica a Figura 5.2, facilitando-se, assim, a construção dos histogramas de recursos, um para cada tipo de recurso.

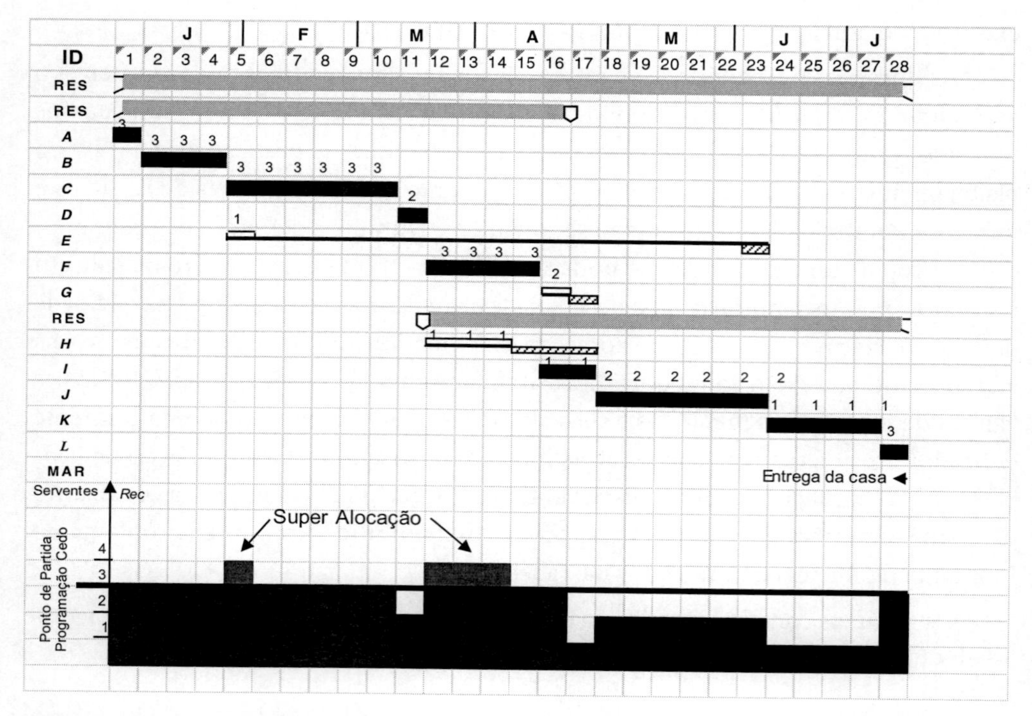


**Figura 5.2:** Diagrama PERT/CPM com os recursos carregados e histograma de recursos com indicação de superalocação.

Analisando-se os histogramas de recursos da Figura 5.2, detectou-se que o único recurso superalocado são os serventes. As semanas que apresentam superalocações são 5, 12, 13, 14.

Para a solução das superalocações, deve-se definir uma das datas que apresentaram problema e aplicar o seguinte procedimento:

- Verificação e análise das atividades que estão programadas para serem executadas no período de superalocação.

- Estabelecimento de alternativas e prioridades de reprogramação.
- Para a reprogramação, deverá ser utilizada a folga livre (Fl) disponível para, posteriormente, consumir a folga total (Ft).

### *Solução para as datas que apresentaram superalocação*

**Data – semana 5**

Atividades programadas para essas datas:

| Atividades | Ft (sem.) | Fl (sem.) | Comentários |
|---|---|---|---|
| C | 0 | 0 | Atividade crítica — não permite reprogramação sem alteração da data final do projeto. |
| E | 18 | 18 | É a opção para tentar solucionar o pico de recursos, pois apresenta folgas e pode ser reprogramada. |

### *Aplicação do procedimento*

Nesse caso em particular os valores de Fl e Ft são iguais, não se tendo como realizar uma distinção dos valores consumidos para uma eventual reprogramação entre uma folga e outra.

Analisando-se o histograma de recursos, percebe-se que as atividades programadas para a semana 11 requerem a utilização de apenas dois serventes e, deslocando-se a atividade E para essa semana, fica solucionada a superalocação da semana 5, conforme Figura 5.3.

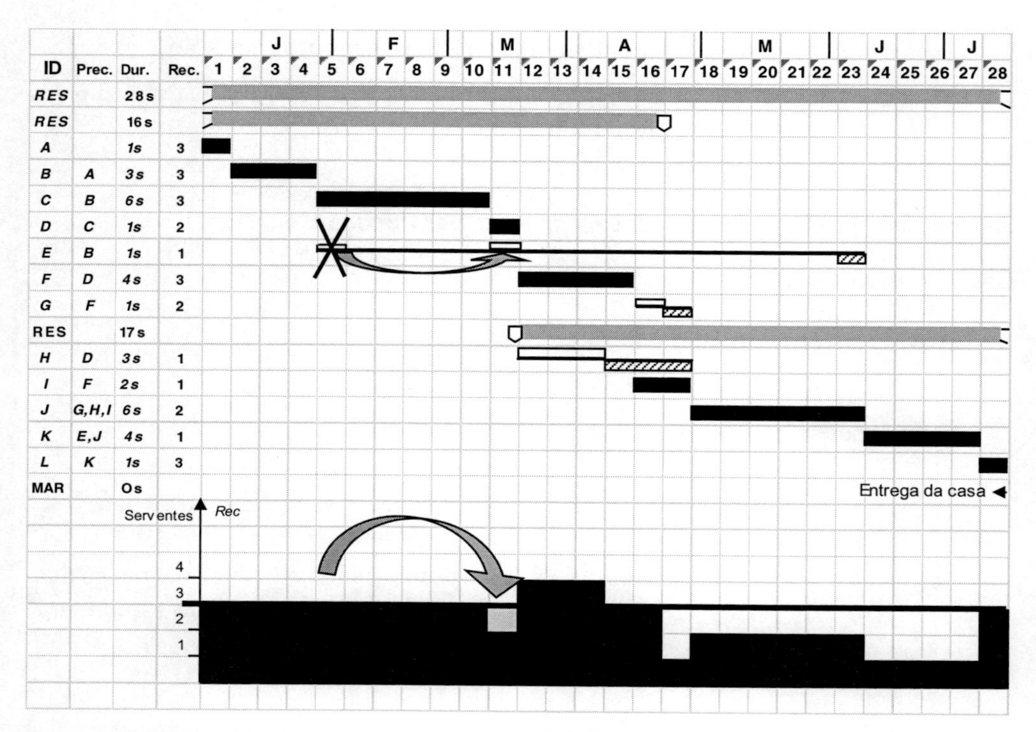


**Figura 5.3:** Diagrama PERT/CPM com a indicação da primeira reprogramação para a solução da superalocação.

Encontrada uma solução para o primeiro pico de recursos verificado, analisa-se a reprogramação executada e o consumo das folgas por ela solicitado. Não será necessária a reprogramação das atividades que dependem da atividade E, pois não se utilizou além da folga livre e, portanto, a programação das atividades seguintes não foi alterada. A reprogramação realizada não gerou nenhum caminho crítico novo, pois a folga total da atividade reprogramada não foi "zerada" (Ft =12 semanas, após a reprogramação). A data final do projeto não será alterada, pois não se utilizou um tempo superior à folga total disponível (6 semanas foram utilizadas para a reprogramação da atividade E).

**Data 12/13/14**

Atividades programadas para essas datas:

| Atividades | Ft (sem.) | Fl (sem.) | Comentários |
|---|---|---|---|
| F | 0 | 0 | Atividade crítica — não permite reprogramação sem alteração da data final do projeto. |
| H | 3 | 3 | É a opção destinada à tentativa de solução do pico de recursos, pois apresenta folgas e pode ser reprogramada. |

### *Aplicação do procedimento*

Deslocando-se a atividade H dentro de sua folga livre e total, já que são de mesmo valor, verifica-se que o pico de superalocação (4 serventes) não é quebrado e a melhor situação encontrada é a diminuição de sua extensão que, de 3 semanas, passa para duas.

Uma vez que o problema é de limitação de recursos, é obrigatório encontrar uma programação que respeite a utilização máxima (limite) desses recursos, dentro do menor prazo possível. Assim, é necessária a utilização de mais tempo do que o disponível na folga total.

O procedimento pede que se inicie um procedimento iterativo de aumento da duração do projeto de uma em uma unidade de tempo, até encontrar-se uma programação viável que atenda o limitante de recursos. Esse procedimento visa encontrar uma programação viável, com a menor duração possível.

Aplicado o procedimento, conclui-se que a melhor situação é alcançada pela reprogramação das atividades H e I (além das reprogramações em cadeia, necessárias pelas relações de precedência) para as datas 16 e 17, respectivamente, e o projeto aumenta sua duração em uma semana, como apresentado na Figura 5.4.

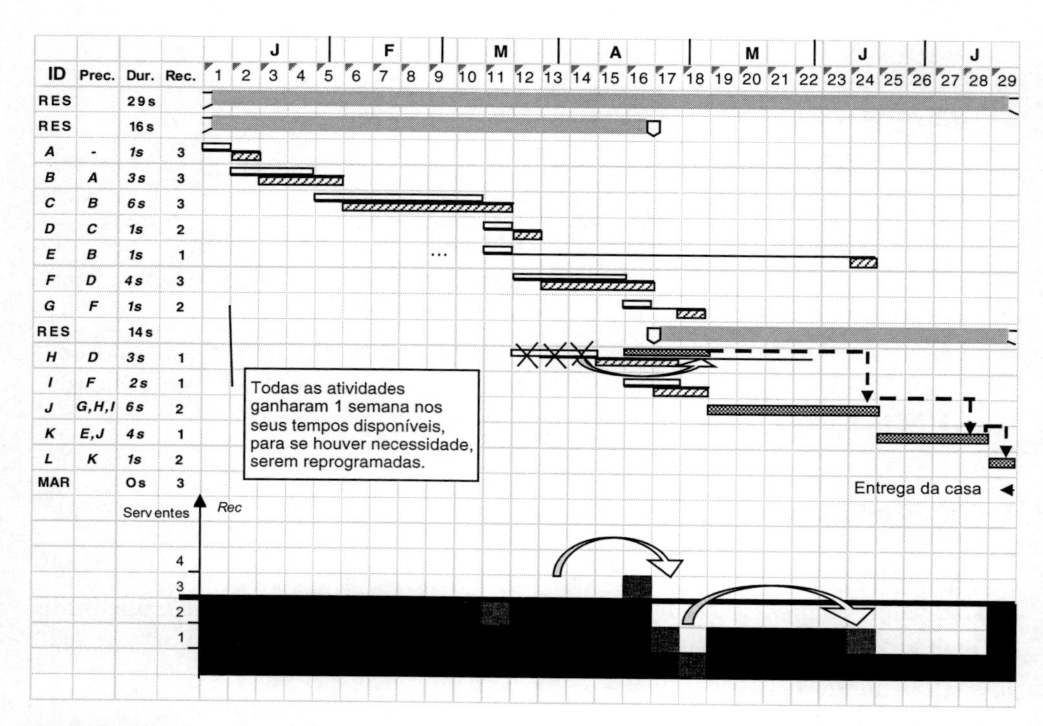


**Figura 5.4:** Diagrama PERT/CPM com a indicação da segunda reprogramação para a solução da superalocação.

A reprogramação adotada passou pelas seguintes etapas: a atividade H foi reprogramada com a utilização de 4 semanas (12 para 16). Utilizou-se além da Fl (Fl = 3), portanto é necessária a reprogramação das atividades que dependem da atividade H (Figura 5.4). A mesma figura indica a reprogramação da atividade J, que depende da atividade H, e pelo mesmo motivo as atividades K e L são reprogramadas em cadeia. Utilizou-se além da Ft, portanto a data final do projeto será alterada (de 28 semanas para 29).

A reprogramação da atividade H para a data 16 não resolve por completo o problema de limitação de recursos. Para solucioná-lo integralmente tem-se a opção de escolha entre duas alternativas:

1. reprogramação da atividade G para a semana 18, apresentada na Figura 5.5; ou

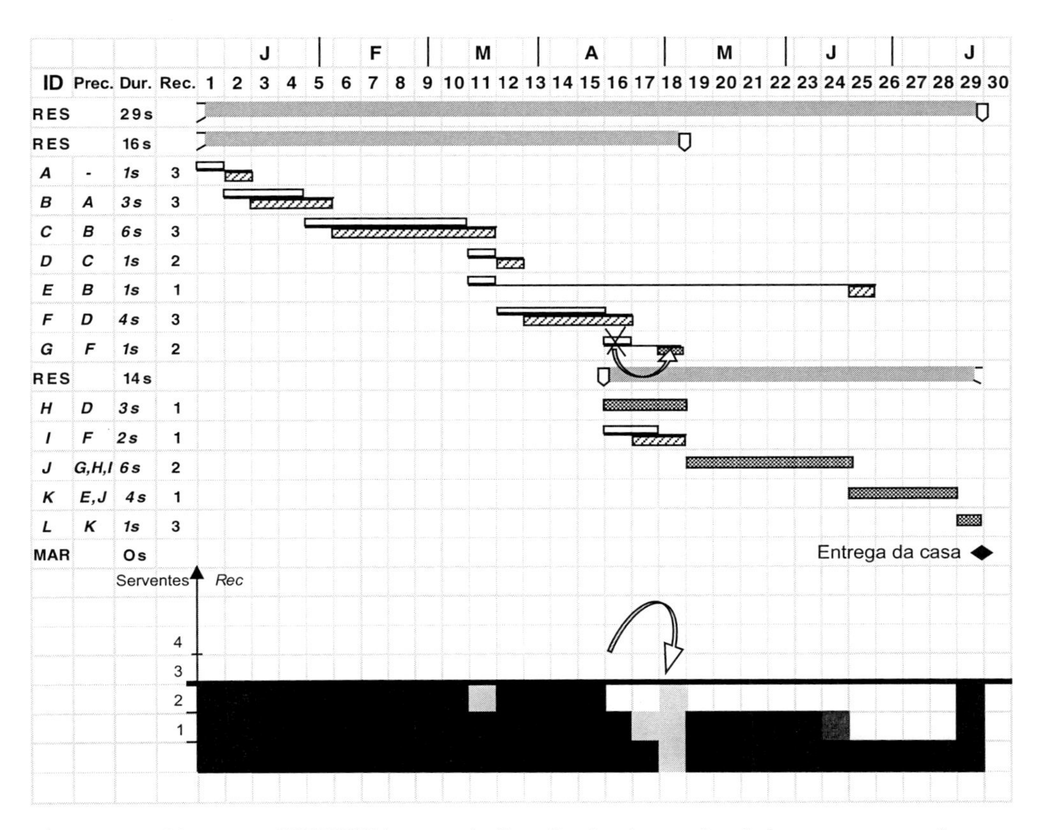


**Figura 5.5:** Diagrama PERT/CPM com a indicação da alternativa 1 de reprogramação para a solução da superalocação.

2. reprogramação da atividade I para a semana 17, apresentada na Figura 5.6.

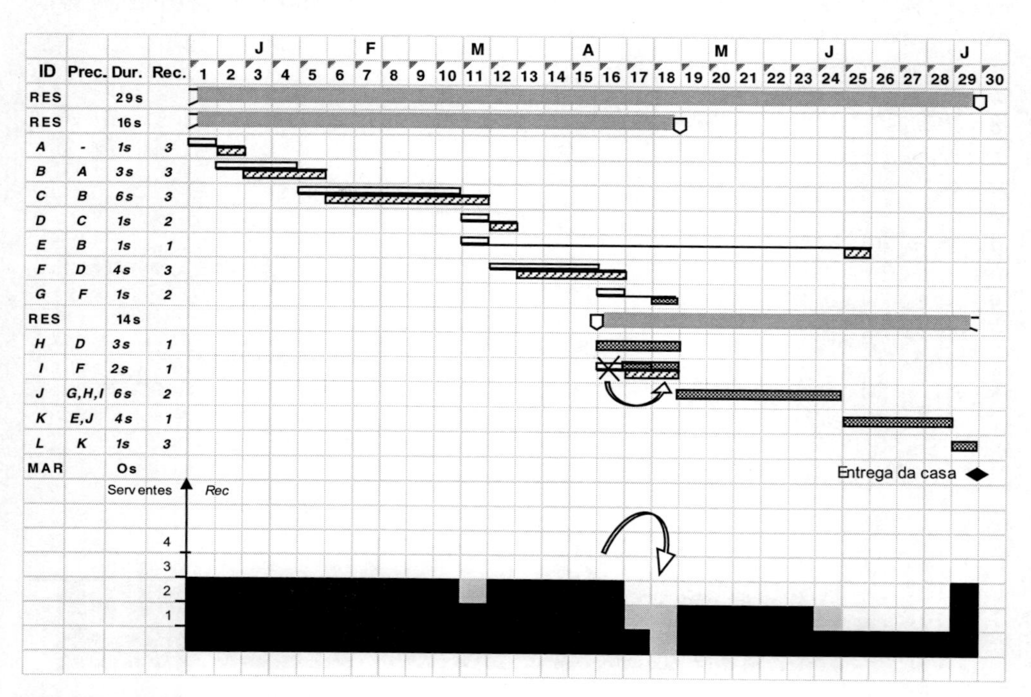


**Figura 5.6:** Diagrama PERT/CPM com a indicação da alternativa 2 de reprogramação para a solução da superalocação.

Adotou-se a segunda opção, pois essa reprogramação fornece uma maior uniformidade na utilização dos recursos.

É importante observar que, para a reprogramação da atividade H, foi necessário o aumento da duração do projeto em uma unidade de tempo (1 semana). Utilizando-se uma unidade de tempo a mais (4 semanas) que a disponibilidade indicada pela Ft= 3 semanas, todas as atividades do projeto ganharam um dia a mais para serem reprogramadas.

Cabe ainda destacar que as atividades H e I tornaram-se críticas, pois não têm mais nenhuma folga (Ft = 0 e Fl = 0).

### *Exercícios*

1. Nivelamento e limitante máximo de recursos.

| Atividade | Precedência direta | Duração (sem) | Engenheiros | Desenhistas |
|---|---|---|---|---|
| A | --- | 1 | 2 | 1 |
| B | A | 6 | 4 | 2 |
| C | A | 3 | 1 | 3 |
| D | C | 1 | 2 | 1 |
| E | C | 6 | --- | --- |
| F | C | 2 | 2 | 1 |
| G | B,D | 5 | 1 | 1 |
| H | G,E | 1 | 2 | --- |
| I | G,E | 2 | 3 | --- |
| J | F | 1 | 3 | --- |
| K | I,H,J | 1 | 2 | --- |
| L | K | 1 | 1 | 1 |

a. Considerando a utilização do recurso engenheiro — nivelar a programação.
b. Considerando o limitante máximo de engenheiros por semana = 5, encontrar a melhor programação viável (partindo da programação tarde).
c. Considerando a utilização simultânea dos recursos engenheiros e desenhistas, associados respectivamente aos limitantes de 5 e 4, encontrar a melhor programação viável (ponto de partida — programação do item b).

2. Nivelamento e limitante máximo de recursos.

| Atividade | Precedência direta | Duração | Mão de obra | Folga Total | Folga livre |
|---|---|---|---|---|---|
| A | ------ | 2 | 2 | | |
| B | ------ | 2 | 3 | | |
| C | A | 1 | 4 | | |
| D | B | 3 | 1 | | |
| E | B | 2 | 3 | | |
| F | C | 4 | 3 | | |
| G | C | 1 | 3 | | |
| H | D,G | 3 | 2 | | |
| I | D,E,G | 2 | 4 | | |
| J | F,H,I | 1 | 2 | | |

## 61. Reprogramação de Recursos

Conjuntamente com a resolução de problemas típicos envolvendo o nivelamento e a limitação de recursos, há a questão de manutenção ou não dos prazos preestabelecidos. A flexibilidade para a reprogramação está diretamente associada às folgas (total e livre). Embutida na dinâmica de reprogramações das atividades existe uma sugestão, para se responder a três perguntas: Usei além da folga total? Zerei a folga total? Usei a folga livre? As respostas binárias (sim ou não), para cada uma das questões, buscam garantir um procedimento para que não haja programações inviáveis ao final das reprogramações.

### 1 Usei além da folga total?

Neste caso, se a resposta for "não", significa que é possível anteder o prazo estipulado. Se a resposta for "sim", a programação não vai atender ao prazo final do projeto. O tempo utilizado além do valor da folga total indicará de quanto a duração do projeto será acrescida. Esta mesma quantidade de tempo será acrescida ao tempo disponível de todas as atividades do projeto. Isto significa que todas as atividades ganham mais tempo para serem programadas. Com isto o caminho crítico ficará desconfigurado.

O caso de acréscimo de tempo na duração final do projeto é muito comum em obras de infraestrutura de construção civil.

A situação do velódromo, no Parque Olímpico da Barra, atingiu o custo de R$143 milhões em janeiro de 2016, após aditivo de R$24,8 milhões e estava com 85% das obras concluídas em 27 de abril de 2016. O cronograma original previa inauguração ainda em 2015. Outro exemplo é o estádio Aquático Olímpico, inaugurado no início de abril de 2016, para poder sediar o Troféu Maria Lenk. A competição não permitiu a entrada de público e foi disputada com as obras do estádio em execução, o que limitou até mesmo o uso de banheiros.

## 2 Zerei a folga total?

Neste caso, se a resposta for "sim", surgirá uma nova atividade crítica, o que por sua vez, definirá um novo caminho crítico. Caso contrário, não há nenhuma consequência.

Para cumprir o plano de mobilidade durante os Jogos, a finalização do trecho olímpico do metrô no cronograma previa a entrega para julho. O prazo apertado era motivo de preocupação, porque qualquer imprevisto faria com que o metrô não circulasse antes do início da Olimpíada, em 5 de agosto. O custo total estava estimado em R$9,77 bilhões, dos quais R$6,6 bilhões já haviam sido financiados pelo BNDES. Apesar da afirmação de que a obra seria entregue no prazo, a necessidade de levantar R$500 milhões para a sua finalização colocou em risco a inauguração do trecho em agosto, mês dos Jogos do Rio 2016. Esses recursos adicionais foram destinados para a segunda fase de implantação da Linha 4, que foi concluída após a Olimpíada. O projeto original, que incluía todos os 16 km da linha, teve que ser desmembrado por causa de atrasos na execução da obra.

## 3 Usei além da folga livre?

Neste caso, se a resposta for "sim", necessariamente haverá a reprogramação das atividades seguintes (atividades que dependem desta que foi reprogramada). Caso contrário, a programação de todo o projeto permanece como está.

De acordo com a Secretaria de Estado de Transporte, a obra da Linha 4 do metrô do Rio de Janeiro "atingiu 90% de conclusão e segue dentro do cronograma" com previsão de entrega para julho. Faltava escavar apenas 90 m de túneis para finalizar o eixo Barra-Ipanema no início de 2016. A secretaria não admitia a hipótese da Linha 4 não ficar pronta a tempo para a Olimpíada, insistindo que as obras seguiam dentro do cronograma. O transporte público é o único meio de chegar às instalações esportivas, pois a circulação de automóveis é restrita. Com a sua conclusão, a Linha 4 do metrô transporta até 300 mil passageiros por dia, o que, segundo estimativas do governo, é capaz de retirar até dois mil carros das ruas nos horários de pico.

As três questões são orientativas, mas caso não desejem segui-las, mantenham um olho na rede e outro no diagrama PERT-CPM.

### *Exercícios*

1. Adotando-se o projeto da tabela a seguir, encontre a melhor programação (menor prazo), considerando-se um limitante de mão de obra de 8 MO por período de tempo. Para a programação final, indicar quais atividades ficarão críticas.

| Atividade | Duração (dias) | MO Recursos |
|---|---|---|
| A | 4 | 6 |
| B | 2 | 3 |
| C | 3 | 4 |
| D | 4 | 3 |
| E | 2 | 5 |
| F | 2 | 6 |
| G | 3 | 1 |
| H | 1 | 2 |
| I | 2 | 3 |
| J | | 3 |

2. Encontrar uma programação viável para um limitante de 3 recursos de mão de obra.

| Atividade | Precedência direta | Duração (sem) | MO Recursos |
|---|---|---|---|
| A | | 1 | 3 |
| B | A | 3 | 3 |
| C | B | 6 | 3 |
| D | C | 1 | 2 |
| E | B | 1 | 1 |
| F | D | 4 | 3 |
| G | F | 1 | 2 |
| H | D | 3 | 1 |
| I | F | 2 | 1 |
| J | G,H,I | 6 | 2 |
| K | E,J | 4 | 1 |
| L | K | 1 | 3 |

## 62. PERT-CPM com Custos

A utilização de recursos pode ser associada aos recursos financeiros. O cronograma físico-financeiro de uma obra é um mecanismo de associação de atividades a serem executadas com os recursos financeiros. Para associar custos ao PERT-CPM, parte-se da programação PERT-CPM da obra, levanta-se o fluxo de caixa (despesas e receitas) associado às atividades do projeto e a sua distribuição na mesma escala temporal utilizada no PERT-CPM. A partir daí, inicia-se um procedimento iterativo de ajustes da programação, para compatibilizar a disponibilidade de recursos financeiros com os gastos do projeto, conforme previsto no orçamento da obra. Os custos para a gestão de projetos a serem considerados dizem respeito aos custos diretos, custos indiretos, custos causais e custo total.

Os custos diretos podem ser associados diretamente (particularizados) à exceção de cada atividade do projeto. Um exemplo são os custos devidos ao pagamento de mão de obra direta, pois, por eles, consegue-se medir a quantidade de trabalho executada em uma determinada atividade.

Os custos indiretos não podem ser associados diretamente a cada uma das atividades de um projeto, pois estão relacionados com um conjunto de atividades ou a todo o projeto, como, por exemplo, o aluguel de um depósito de materiais ou o imposto pago pelo projeto.

Os custos causais são esporádicos e podem estar relacionados com datas preestabelecidas. Um exemplo são as multas contratuais previstas no caso de atraso na execução de uma obra.

O custo total é a soma dos custos diretos, indiretos e causais. A curva característica do custo total é uma parábola, no qual o ponto de inflexão indica que a duração neste ponto fornece o mínimo custo total para a execução do projeto. Assim, esta duração é considerada como a duração ótima.

## 63. A Única Certeza do Planejamento é que Ele Não Ocorrerá Como Foi Concebido

É difícil para um engenheiro admitir, mas é verdade: a única certeza do planejamento é que ele não ocorrerá como foi planejado. Por mais cuidadosa e sistemática que seja a definição do termo de abertura do projeto, a declaração do escopo, a verificação de precedências e a montagem das estimativas de tempos e recursos, o mundo real não cabe integralmente no papel. O engenheiro já tem em si um viés de prestar atenção em determinadas especificidades, mas a realidade pode superar facilmente a capacidade de antecipar ações. O imponderável é tão grande que coloca em xeque a noção de que a Engenharia é uma Ciência Exata, pelo menos no que se refere ao gerenciamento de projetos. Mas é por esse motivo que quem formulou o conceito de "planejamento" já o formulou sabiamente como "planejamento e controle", pois um não existe sem o outro. As atividades de controle estão presentes no início do planejamento em menor intensidade, mas conforme o planejamento vai se materializando na execução as atividades de controle tornam-se preponderantes. O planejamento e controle devem estar associados a um horizonte de tempo (curto, médio e longo prazo) e a uma hierarquia de planejamento.

A execução necessita de dados gerados pelas etapas anteriores, como datas, recursos disponíveis, folgas, orçamentos previstos e outros, mas a ênfase é colocada em aspectos técnicos. As atividades de controle visam monitorar a evolução do projeto, direcionando-as aos fatores críticos de sucesso: custo, prazo e qualidade. A cada um desses fatores, associam-se índices de desempenho para parametrizar o estado em que se encontra o empreendimento, em um determinado momento.

A coordenação coleta os resultados dos procedimentos de verificação aplicados durante a fase de controle e procura harmonizar todas as etapas do processo através dos mecanismos de comunicação, de *feedback* (retroalimentação), de simulação e de decisões conjuntas.

A atividade de controle deixa de fora do seu escopo todos os controles relativos aos aspectos técnicos de qualidade do produto. Os dois principais fatores a serem considerados pelo controle durante a execução de um projeto são o tempo e o custo, pois ao se controlar esses dois fatores, implicitamente há um controle sobre os recursos utilizados. Os mecanismos e técnicas disponíveis para viabilizar o controle desses dois fatores podem ser:

- Gráficos de custos planejados (orçamento) *versus* custos reais.
- Diagrama PERT-CPM.
- Estudos de nivelamento e limitante, associados aos recursos financeiros.
- Procedimentos de aceleramento racional.
- Cronograma físico-financeiro.
- Análises contábeis.
- Os sistemas de curva "S".
- Índices de desempenho e outros.

Alguns destes mecanismos e técnicas privilegiam o controle de um dos fatores em detrimento de outro, o que gera uma visão parcial da situação. Essa limitação pode induzir a decisões e interferências de coordenação pouco eficazes.

Portanto, por mais simples que possa parecer o conceito de "controle" associado ao "planejamento", colocá-lo em prática não é para principiantes. As análises de controle e coordenação devem ser direcionadas por uma visão ampla, tanto quanto possível, utilizando, simultaneamente, várias técnicas e ferramentas quantitativas, apropriadas à complexidade e à extensão dos projetos.

## 64. Procedimento de Aceleramento Racional

Uma abordagem clássica envolvendo os custos é o procedimento de aceleramento racional, cujo objetivo é definir um procedimento para a redução do prazo de entrega de um empreendimento, da forma mais econômica possível. Alguns pontos importantes relacionados com os custos diretos devem ser considerados.

O ponto normal corresponde ao tempo normal de execução da atividade ao mínimo custo direto possível. O ponto acelerado corresponde à mínima duração possível da atividade ao custo direto acelerado, obtido a partir de intensa utilização do recurso tecnológico. O intervalo entre a duração normal e a duração acelerada do projeto engloba todas as possibilidades de duração de uma atividade a custos diferenciados, utilizando-se todos os níveis tecnológicos disponíveis. À direita da duração normal, supõe-se não ser mais possível a redução dos custos, o que configura o ponto com o menor custo direto.

Caso não existisse esse limite, seria possível executar uma atividade por um longo período a um custo zero, o que seria uma situação completamente fora da realidade. À esquerda da duração acelerada, supõe-se que o tempo não pode ser reduzido pela alocação de mais ou diferentes recursos, pois os custos só aumentariam. Toda atividade apresenta um limitante físico para a alocação de mais recursos, seja em número ou em nível tecnológico.

O procedimento para a aceleração de atividades compreende sete passos:

1. Determinar, de forma clara e objetiva, a motivação para a aplicação do método de aceleramento racional: estimar o tempo a ser reduzido, determinar o ponto ótimo, compensar atrasos, dentre outros.
2. Identificar o caminho crítico, pois o prazo final do projeto é determinado pelas atividades críticas e qualquer análise que vise a redução do prazo de entrega do projeto deverá passar pela redução da duração dessas atividades.
3. Partindo da duração normal (dN), levantar a redução de tempo possível de cada atividade, obtendo-se assim as durações aceleradas (dA). Concomitantemente, determinam-se os custos necessários para a realização das atividades em suas durações normais e aceleradas, o que compreende também os custos indiretos envolvidos na execução do projeto.
4. Calcular o custo marginal, que representa a variação dos custos pela variação das durações. É o coeficiente angular da reta dos custos diretos (tg do ângulo $\alpha$). O custo marginal é o parâmetro utilizado para a escolha das alternativas de aceleramento. Na prática, indica o valor a ser gasto (incremento de custo direto) para a redução de uma unidade de tempo de uma determinada atividade. O custo marginal é dado pela seguinte equação:

$$\begin{matrix} CUSTO \\ MARGINAL \end{matrix} = tg\ \alpha = \frac{Cd_A - Cd_N}{d_N - d_A} = \frac{\Delta Cd}{\Delta d}$$

5. Levantar as alternativas de aceleramento para a redução de uma unidade de tempo do projeto. O procedimento sempre é aplicado considerando-se a redução de apenas uma unidade de tempo por iteração, pois com o aceleramento do projeto em uma unidade, poderão surgir novos caminhos críticos e novas alternativas de aceleramento a serem consideradas.
6. Escolher a alternativa de aceleramento a ser adotada, priorizando-se as alternativas de menor custo marginal.
7. Calcular a nova duração do projeto e seu custo associado. Verificar se os objetivos declarados no passo 1 foram atingidos. Em caso afirmativo, encerrar o procedimento; em caso negativo, reiniciar o procedimento.

A Figura 5.7 apresenta graficamente uma aproximação linear do comportamento dos custos diretos em relação à duração do projeto.

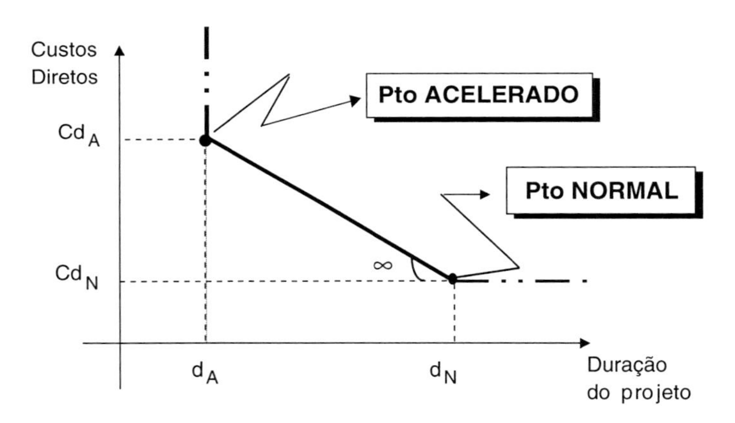


**Figura 5.7:** Comportamento dos custos diretos em relação à duração do projeto.

### *Exemplo*

Como nos casos anteriores, cabe aqui o destaque de algumas simplificações para facilitação da visualização e do entendimento dos conceitos trabalhados durante a solução do caso proposto:

- Custos Diretos. Calculados a partir de valores de custos horários aproximados (*Revista Construção São Paulo* – Editora PINI).
- Custos Indiretos. Valores didaticamente apropriados — taxa semanal.
- Custos acelerados. Valores didaticamente apropriados.

- Cifrões e centavos serão omitidos nas indicações de cálculos de custos, facilitando-se a edição dos dados.

Recuperando-se a rede de atividades e sua programação cedo e tarde, para servirem de ponto de partida para a aplicação do procedimento de aceleramento, que irá ser demonstrado passo a passo de acordo com o procedimento atrás indicado, tem-se a seguinte de atividades, apresentada na Figura 5.8.

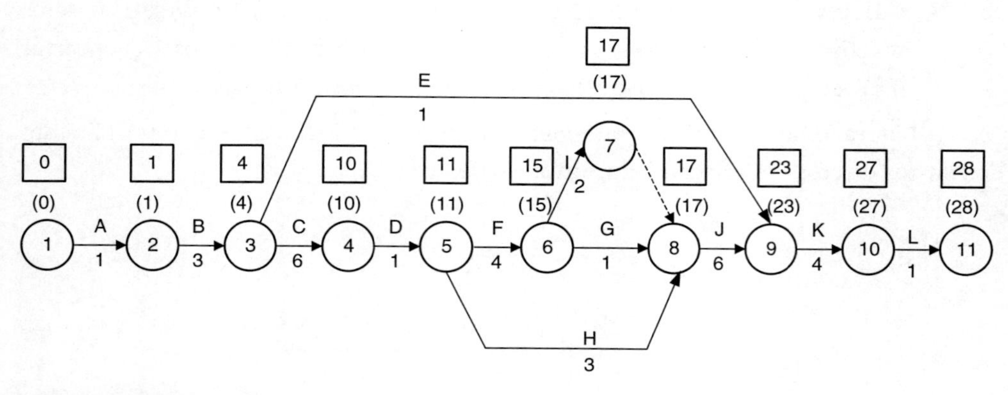


**Figura 5.8:** Rede com programação cedo e tarde.

1. A residência deve estar disponível para a família do proprietário ocupá-la antes do término do contrato de aluguel do imóvel, onde residem no momento. Sendo assim, o projeto deverá sofrer um aceleramento de 2 semanas.
2. Identificação do caminho crítico:

   C.C.: A, B, C, D, F, I, J, K e L (diagrama atrás indicado).
3. Levantamento das durações e custos diretos (normais e acelerados) e indiretos (Tabela 5.2).
4. Cálculo do custo marginal (Tabela 5.2).

**Tabela 5.2:** Indicação dos custos normais, acelerados e marginais para a aplicação do procedimento de aceleramento racional

| | | | DURAÇÃO (SEM) | | CUSTO DIRETO ($) | | CUSTO MARGINAL ($/SEM) |
|---|---|---|---|---|---|---|---|
| FT | ID | PREC. | NORMAL | ACELERADO | NORMAL | ACELERADO | |
| 00 | A | -- | 1 | ---- | 180 | ---- | ---- |
| 0 | B | A | 3 | 2 | 780 | 1.040 | 260 |
| 0 | C | B | 6 | ---- | 1.560 | ---- | ---- |
| 0 | D | C | 1 | ---- | 200 | ---- | ---- |
| 18 | E | B | 1 | 0.5 | 150 | 450 | 600 |
| 0 | F | D | 4 | 2 | 1.000 | 1.400 | 200 |
| 1 | G | F | 1 | ---- | 120 | ---- | ---- |
| 3 | H | D | 3 | 2 | 450 | 900 | 450 |
| 0 | I | F | 2 | 1 | 280 | 470 | 190 |
| 0 | J | G,H,I | 6 | 3 | 2.760 | 3.690 | 310 |
| 0 | K | E,J | 4 | 2 | 800 | 1.600 | 400 |
| 0 | L | K | 1 | ---- | 180 | ---- | ---- |

O custo indireto é definido para este exemplo como uma taxa semanal de R$250. Levantados os dados de durações e custos, pode-se calcular o custo total (CT = CD + CI) associado à duração final do projeto em 28 semanas. O CD é obtido somando-se todos os custos normais de todas as atividades do projeto (CD = 8.460). O CI é calculado multiplicando-se a duração final do projeto pela taxa semanal especificada (CI = 250 x 28 = 7.000).

Portanto, o CT = 8.460 + 7.000= 15.460. Os valores dos custos serão apontados num gráfico (Figura 5.9) a fim de verificar-se o comportamento dos custos e determinar-se o ponto ótimo para o projeto deste caso exemplo.

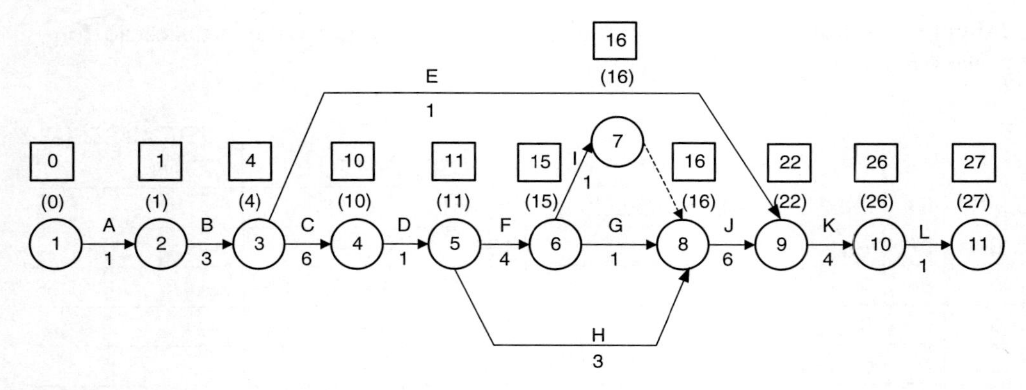


**Figura 5.9:** Nova rede e novos custos.

5. Levantamento das alternativas de aceleramento.
6. Escolha da alternativa: a princípio, todas as atividades críticas compõem uma alternativa. Mas há atividades que apresentam impossibilidade de aceleramento, como: A, C, D, G e L. Assim sendo, tem-se:

C.C.: A, B, C, D, F, I, J, K e L

| Alternativas | Cm |
|---|---|
| B | 260 |
| F | 200 |
| I | 190 |
| J | 310 |
| K | 400 |

Alternativa com menor Cm. A atividade I terá sua duração reduzida em uma unidade de tempo (2 para 1 semana).

A Figura 5.9 apresenta a nova rede e novos custos.

7. O objetivo inicial ainda não foi atendido, pois a redução desejada era de 2 semanas. Reinicia-se o procedimento. As iterações seguintes serão indicadas graficamente.

### *Interação 2*

C.C. A, B, C, D, F, I, J, K, L

A, B, C, D, F, G, J, K, L

| Alternativas | Cm |
|---|---|
| B | 260 |
| F | 200 |
| J | 310 |
| K | 400 |

Nesta iteração, há a ocorrência de mais de um caminho crítico. Portanto, é necessário que, ao levantarmos as alternativas de aceleramento, verifiquemos se elas alteram a duração dos dois caminhos críticos. Caso alterem somente um deles, a duração do projeto permanecerá inalterada. Alternativas que combinem alterações incluindo mais de uma atividade também podem ser consideradas. Nesse caso o custo marginal da alternativa será a soma dos custos marginais das atividades envolvidas. A Figura 5.10 apresenta a nova rede e os novos custos.

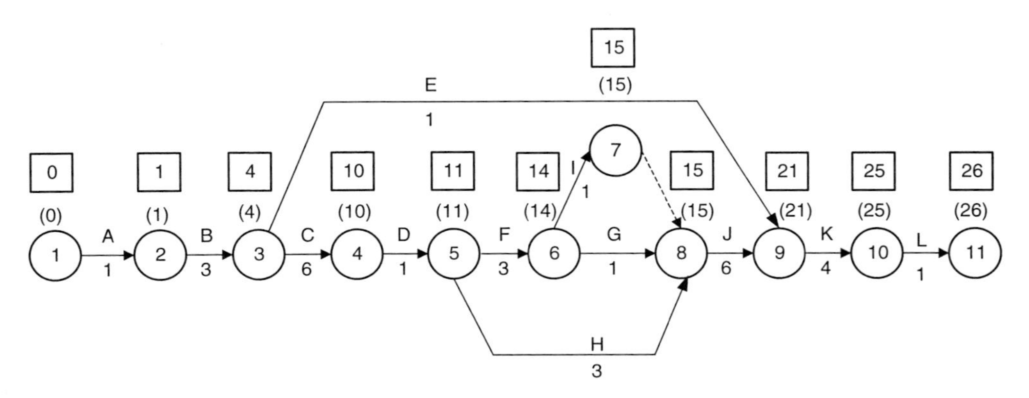


**Figura 5.10:** Nova rede a partir da 2ª iteração.

A motivação inicial foi satisfeita, pois reduziu-se o prazo final do projeto em 2 semanas e o método de aceleramento racional garante que o modo mais barato para realizar essa redução é acelerando as atividades I e F.

Percebe-se, porém, que o custo total está caindo com a redução do prazo final do projeto. Surge, então, uma nova motivação para continuar a aplicação do procedimento de aceleramento racional, que é a determinação do ponto de duração ótima (duração que apresenta o menor custo total).

### *Interação 3*

Os caminhos críticos não se alteram. Portanto as opções se mantêm.

| | |
|---|---|
| CD | 8.650 + 200 = 8.850 |
| CI | 250 x 26 = 6.500 |
| CT | 15.350 |

| Alternativas | Cm |
|---|---|
| F | 200 |

Novamente

A nova rede é apresentada na Figura 5.11.

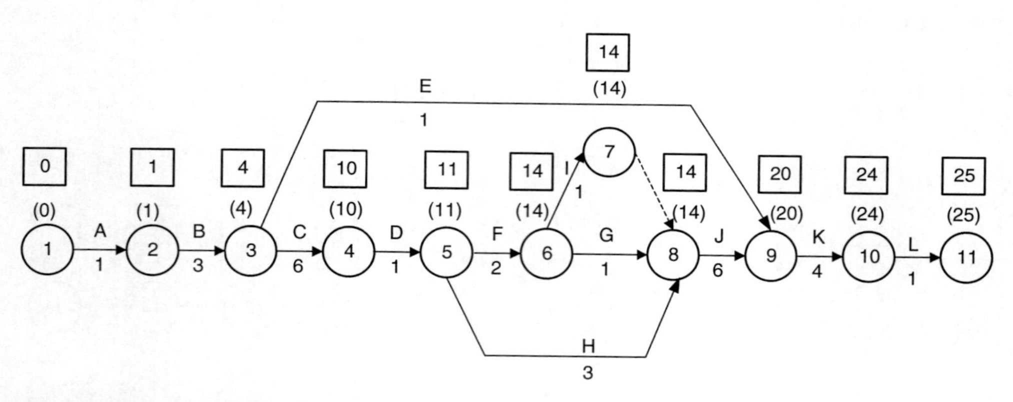


**Figura 5.11:** Nova rede a partir da 3ª iteração.

### *Interação 4*

C.C. A, B, C, D, F, I, J, K, L

A, B, C, D, F, G, J, K, L

A, B, C, D, H, J, K, L

| Alternativas | Cm |
|---|---|
| B | 260 |
| J | 310 |
| K | 400 |
| H | 450 |

Só altera o caminho 3. Não reduz a duração do projeto.

A rede da quarta iteração é apresentada na Figura 5.12.

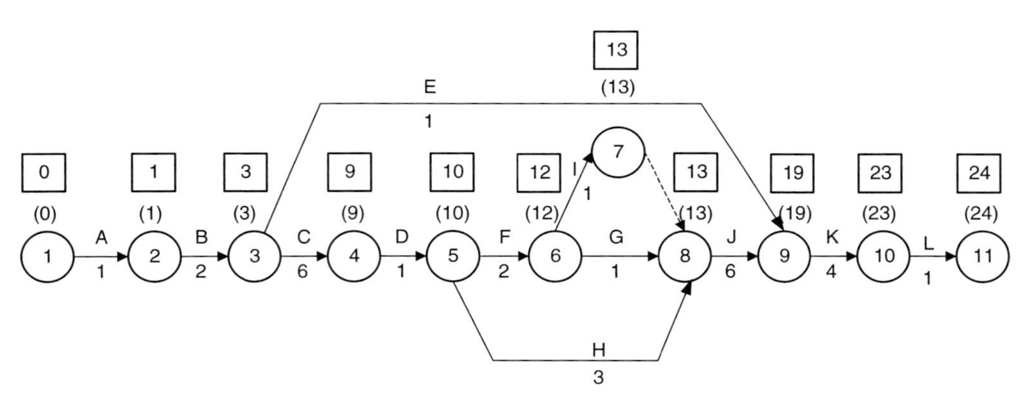


**Figura 5.12:** Rede da 4ª iteração.

Após o aceleramento do projeto para uma duração de 24 semanas, verifica-se que os custos totais começam a aumentar e, segundo o modelo da curva de custos totais, que é o de uma parábola com ponto de mínimo, conclui-se que esse ponto de mínimo está na iteração anterior. Assim, o procedimento de aceleramento racional pode ser encerrado. A duração da iteração anterior a de nº 4 é considerada a ótima (duração = 25 semanas e custo total = R$15.300). A seguir, é apresentada uma tabela com todos os prazos acelerados possíveis para o projeto e seus custos associados. Esses dados estão indicados no gráfico da Figura 5.13, facilitando a visualização do ponto de duração ótima.

| Prazo Final | CD | CI | CT |
|---|---|---|---|
| 28 | 8.460 | 7.000 | 15.460 |
| 27 | 8.650 | 6.750 | 15.400 |
| 26 | 8.850 | 6.500 | 15.350 |
| 25 | 9.050 | 6.250 | 1.5300 |
| 24 | 9.310 | 6.000 | 15.310 |
| 23 | 9.620 | 5.750 | 15.370 |
| 22 | 9.930 | 5.500 | 15.430 |
| 21 | 10.240 | 5.250 | 15.490 |
| 20 | 10.640 | 5.000 | 15.640 |
| 19 | 11.040 | 4.750 | 15.790 |

Ponto Ótimo

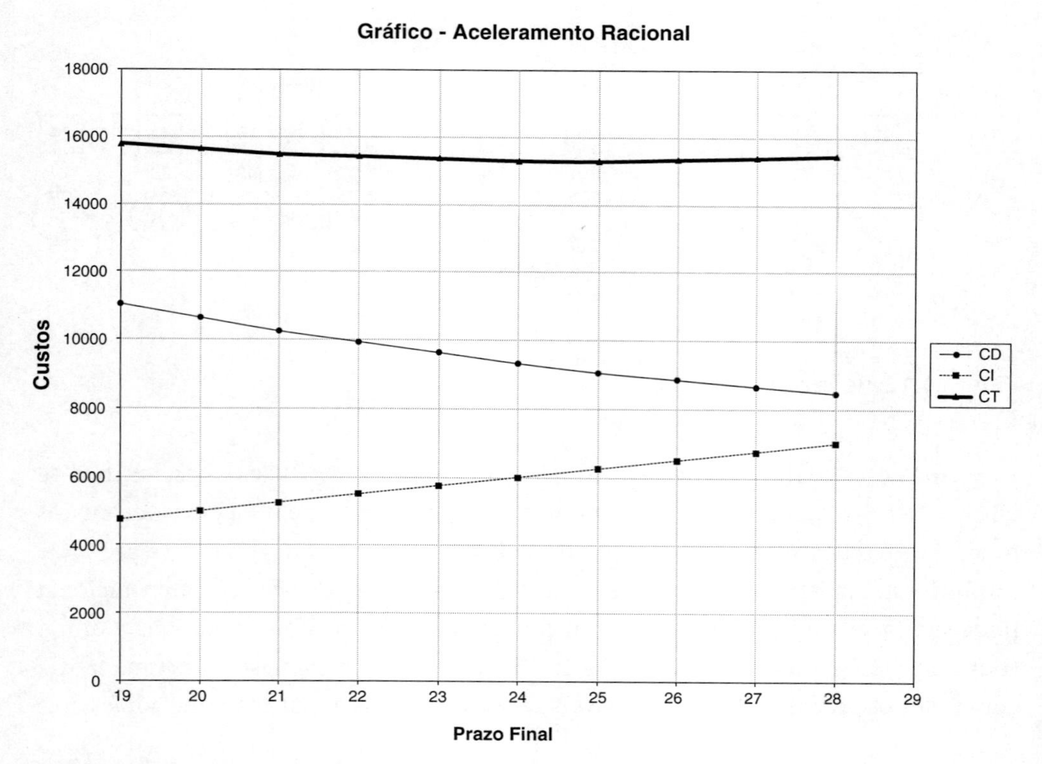


**Figura 5.13:** Situação de aceleração de atividades.

# 65. Índice de Estado ou Índice de Situação

O Índice de Estado ou índice de Situação foi desenvolvido pela NASA (National Aeronautics and Space Administration). É uma maneira direta e prática de acompanhar como os recursos-chave estão sendo empregados no empreendimento, através do controle dos tempos e custos das atividades.

O Índice de Situação relaciona as saídas (real) e as entradas (planejado) de custos e processo em uma determinada data de controle. O parâmetro tempo é controlado pela fixação desta data de referência, para o levantamento de custos até o momento, os quais serão confrontados com os gastos previstos no orçamento (planejados); e para o levantamento porcentual de progresso alcançado até o momento, que será comparado com os porcentuais previstos (planejados) para esse determinado período.

O Índice de Situação é determinado através da seguinte forma:

$$SI = \frac{progresso\ real / progresso\ programado}{despesas\ reais / despesas\ programadas}$$

As possíveis interpretações do Índice de Situação são:

- SI = 1. O andamento do empreendimento está de acordo com o planejado.
- SI > 1. O andamento do empreendimento está superando as expectativas em relação às despesas.
- SI < 1. O andamento do empreendimento não atingiu as expectativas em relação às despesas.

**Exemplo:** Índice de Situação (SI) para a segunda fase da Linha 4 do metrô.

Para fins didáticos, vamos estimar o índice de Situação (SI) para uma fase de execução de uma obra de infraestrutura. Os dados são os seguintes, conforme Leite (2016):

- Custo previsto: R$706,9 milhões; custo final (ainda estimado): R$1,08 bilhão.
- Início da obra: março de 2012; prazo de entrega previsto: março de 2014.
- Prazo de entrega final (ainda estimado): julho de 2019.
- Colocando os dados na terminologia do Índice de Situação (SI).
- Progresso real (ainda estimado) = 8,5 anos.
- Progresso programado = 2 anos.

- Despesas programadas = R$706,9 milhões.
- Despesas reais (ainda estimadas) = R$1,08 bilhão.
- Substituindo os valores no quociente:

$$SI = \frac{(8,5/2)}{1.080/706,9} = 2,78$$

O que esse número revela? A princípio, poderíamos dizer que o empreendimento está superando as expectativas em relação às despesas. Mas a questão seguinte é por quê? Isso está acontecendo porque a duração passou de 2 anos para 8,5 anos, ou seja, o numerador aumentou em função de um atraso que supera em 4 vezes a duração prevista. Isso significa que, nesta situação, como a duração e os custos cresceram desproporcionalmente, os números podem falsear a realidade.

**Moral da história:** Nem a Nasa consegue resolver esse problema.

## 66. Controle e Monitoramento: Valor do Trabalho Agregado

Uma das formas mais utilizadas de controlar a evolução do projeto é confrontar o que está sendo realizado (real) com o que foi planejado. No entanto, devemos utilizar algumas técnicas apropriadas para tal comparação, pois muitas vezes, de forma descuidada, somos induzidos a interpretações parciais. A Figura 5.14 nos fornece o status de um projeto, no dia de hoje.

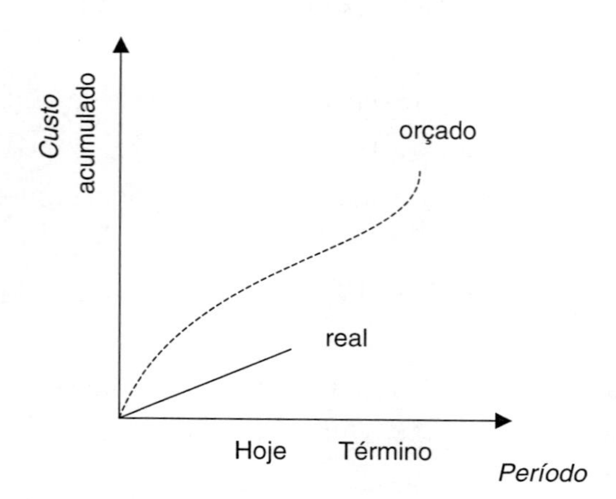


**Figura 5.14:** Gráfico de custos acumulados — ferramenta de análise complementar.

Como patrocinadores do projeto, numa primeira e rápida observação, ficamos otimistas, pois o projeto está gastando menos do que o previsto e, portanto, somos induzidos a pensar que a gestão está sendo bem executada.

Mas, com um pouco mais de cuidado, podemos notar que o gráfico ilustra apenas os custos, não informando outras dimensões de controle do projeto, como, por exemplo, a real evolução das atividades, se o tempo que decorreu foi transformado em resultados, ou ainda, qual o trabalho efetivamente executado, e, dependendo do levantamento dessas informações, pode-se constatar uma situação totalmente inversa à visão otimista do projeto.

Uma das técnicas mais difundidas para o controle e monitoramento de projetos é a análise de valor agregado ou, mais atualmente, o gerenciamento do valor agregado, vindos das difundidas siglas do inglês – EVA (*Earned Value Analysis*) e EVM (*Earned Value Management*), ou ainda da tradicional abordagem do VTF (Valor do Trabalho Feito). Basicamente, ela visa medir o desempenho do projeto, considerando as dimensões do monitoramento dos tempos (cronograma), dos custos (orçamento) e do trabalho executado (escopo). O controle é dependente deste monitoramento, que deve ser executado periodicamente.

A cada período de corte para avaliação do desempenho, podemos plotar os seguintes valores:

- O Custo Real – CR (curva 1) é o valor efetivamente gasto pelo projeto até a data de corte considerada.
- O Valor Planejado – VP (curva 2) é o valor orçado para ser executado até o período de corte considerado.
- O Valor Agregado relaciona a evolução do trabalho realizado com o gasto orçado das atividades previsto para esse dado período de corte.
- O cálculo do Valor Agregado – VA (curva 3) é realizado multiplicando-se a quantidade de trabalho executado (em porcentagem) pelo custo orçado (planejado) até o momento de corte considerado.

A partir dos valores apresentados e da situação do projeto ilustrado pelo gráfico da Figura 5.15, algumas considerações interessantes sobre a situação atual do projeto, em relação ao controle de evolução do tempo (atrasos, avanços e ritmo de trabalho), controle de orçamento (excessos e economia de gastos) podem ser realizadas.

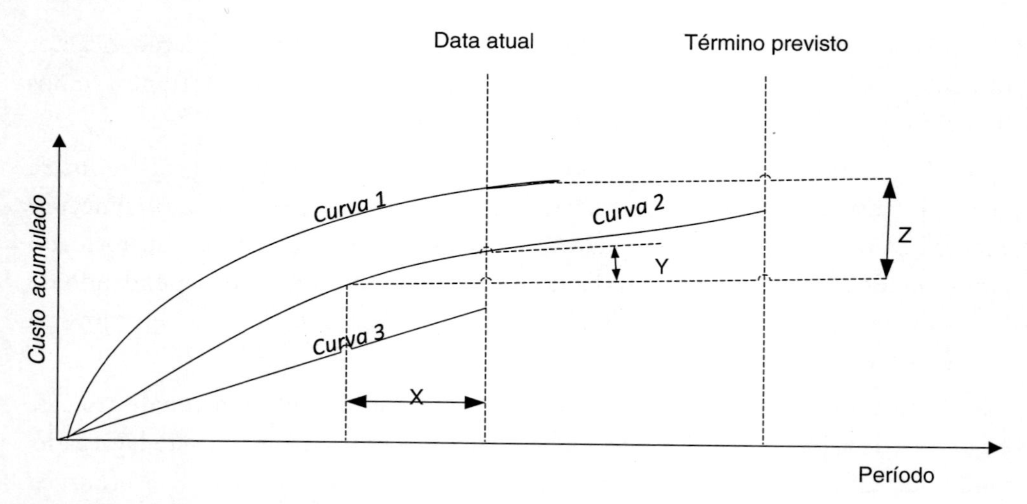


**Figura 5.15:** Situação atual do projeto.

### *Considerações quanto aos prazos*

**Variação de prazos.** Variação de prazos (VPR) é uma medida de controle calculada pela diferença entre o Valor Agregado e o Valor Planejado. Determina se o projeto está adiantado ou atrasado em relação data de corte considerada.

VPR = VA – VP

Baseando-se no projeto ilustrado pelo gráfico da Figura 5.15, tem-se:

VPR < = 0 — portanto, o projeto está atrasado em relação ao planejado e ainda:

- Semirreta B-A: indica atraso na execução do projeto, pois a quantidade de serviço realizada, ponto B – curva 3, estava prevista para ser executada na data do ponto A – curva 2, como indica o gráfico de custos planejados.
- Semirreta D-E: indica a diferença de tempo entre a data atual e a data prevista para que o atual montante de gastos ocorresse.

**Variação de custos.** A variação de custos (VC) é calculada pela diferença entre o Valor Agregado (VA) e o Custo Real (CR). Determina se o projeto está gastando mais ou menos do que o orçado para realizar o trabalho que foi efetivamente realizado.

VC = VA – CR

VC < = 0 — portanto, o projeto está gastando mais do que o trabalho que foi efetivamente realizado demandava e ainda:

- Semirreta B-D: representa o quanto foi gasto a mais em relação à quantidade de serviço executado, pois compara os custos reais, ponto D – curva 1, com o

Valor Agregado, ponto B – curva 3, valor efetivamente agregado pelo trabalho executado até o momento.

- Semirreta C-D: representa o quanto foi gasto a mais em relação ao montante planejado para o referido período, pois compara os custos reais, ponto D – curva 1, com o Valor Planejado, ponto C – curva 2.

## 67. Controle e Monitoramento: Índices de Desempenho

Dando continuidade às análises sobre desempenho de projetos, podemos combinar as medidas de controle apresentadas no tópico anterior para a composição de índices de desempenho, que também auxiliaram no monitoramento da progressão do projeto, para que decisões sejam tomadas sobre a gestão do mesmo.

**Índice de Desempenho de Prazos – IDP**: mede o grau de eficiência do uso do tempo pela equipe do projeto.

IDP = VA/VP

Se IDP < = 1,0 — menos trabalho foi executado do que o planejado, portanto o projeto está atrasado.

Se IDP = 1,0 — o projeto está no prazo.

Se IDP > = 1,0 — mais trabalho foi executado do que o planejado, portanto o projeto está adiantado.

**Índice de Desempenho de Custos – IDC:** mede a eficiência de custos do trabalho efetivamente executado.

IDC = VA/CR

Se IDC < = 1,0 — o custeio do trabalho executado está inferior ao custo planejado para o momento.

Se IDC = 1,0 — o custeio do trabalho executado é igual ao custo planejado para o momento.

Se IDC > = 1,0 — o custeio do trabalho executado está superior ao custo planejado para o momento.

Buscando unificar a análise de desempenho com as visões integradas de prazos e custos, podemos considerar a combinação das alternativas de análise apresentadas para o IDP e o IDC:

Quadrantes (separação (1,1)): sistema cartesiano: eixo X – IDP e eixo y – IDC.

Superior direito: IDP > = 0 e IDC > = 0 — projeto com gestão adequada.

Inferior direito: IDP > = 0 e IDC < = 0 — projeto com gestão adequada dos prazos, mas gastando além do planejado.

Superior esquerdo: IDP < = 0 e IDC > = 0 — projeto com gestão adequada dos custos, mas trabalhando em ritmo aquém do planejado.

Inferior esquerdo: IDP < = 0 e IDC < = 0 — projeto com problemas na gestão, pois os controles apontam gastos excessivos e ritmo lento em função do planejado.

### *Exemplo*

Utilizando-se a programação final, obtida no exemplo apresentado na programação, será realizada uma avaliação do andamento do projeto, visando à aplicação das análises propostas dentro das atividades de acompanhamento/controle e coordenação.

Data de referência para o controle do projeto: último dia de março.

Diagrama PERT/CPM, com o apontamento das atividades até a data de referência (custos e serviços executados):

A Tabela 5.3 apresenta o apontamento dos custos e trabalhos executados durante os três primeiros meses de execução do projeto exemplo — Construção de uma residência.

**Tabela 5.3:** Levantamento dos custos (reais e planejados) até a data de avaliação

| Atividades | Custos ($) | Trabalho realizado (SEM) | | |
|---|---|---|---|---|
| | Planejado | Real | Planejado | Real |
| A | 180 | 200 | 1 | 1 |
| B | 780 | 800 | 3 | 3 |
| C | 1.560 | 1.500 | 6 | 6 |
| D | 200 | 220 | 1 | 1 |
| E | 150 | 200 | 1 | 0 |
| F | 500 | 500 | 2 | 1 |
| G | 0 | 0 | 0 | 0 |
| H | 0 | 190 | 0 | 1 |
| Total | 3.370 | 3.610 | 14 | 13 |

A seguir, são apresentadas as avaliações do projeto, segundo o SI e o VTF:

- Análise segundo o SI

$$SI = \frac{13 \div 14}{3610 \div 3370} = 0.867 \Rightarrow 86.7\%$$

SI < 1 — indica que para o atual estágio do projeto, foi gasto mais dinheiro que o planejado.

- Análise segundo o VTF

$$VTF = \%TF \times Custo \ \ planejado \qquad VTF = \frac{13}{14} \times 3370 = \$3129.28$$

Analisando o gráfico de custos (Figura 5.1), juntamente com o valor do trabalho feito (VTF), podem ser tiradas algumas conclusões muito úteis ao planejamento e controle, tais como (adaptado de PRADO, 1984):

- O valor calculado para VTF é inferior ao dos custos reais, o que indica um gasto maior para o atual estágio do projeto.
- O quociente entre o custo real e o VTF indica o quanto em percentual foi gasto a mais ou a menos para o período considerado.

$$\left(\frac{CR}{VTF}\right) = 1.1536 \Rightarrow 15.36\%$$

- Comparando-se o VTF com os custos planejados, pode-se afirmar que as atividades estão sendo feitas num ritmo mais lento que o planejado para o período considerado.
- Semirreta 2-1: indica atraso na execução do projeto, pois a quantidade de serviço realizada estava prevista para ser executada em 12 semanas.
- Semirreta 2-4: representa o quanto foi gasto a mais em relação à quantidade de serviço executada.

- Semirreta 3-4: representa o quanto de dinheiro foi gasto a mais em relação à quantidade prevista para o referido período.
- Semirreta 4-5: indica a diferença de tempo entre a data atual e a data prevista para o montante de gastos reais efetuados.
- A Figura 5.16 apresenta síntese de custos acumulados.

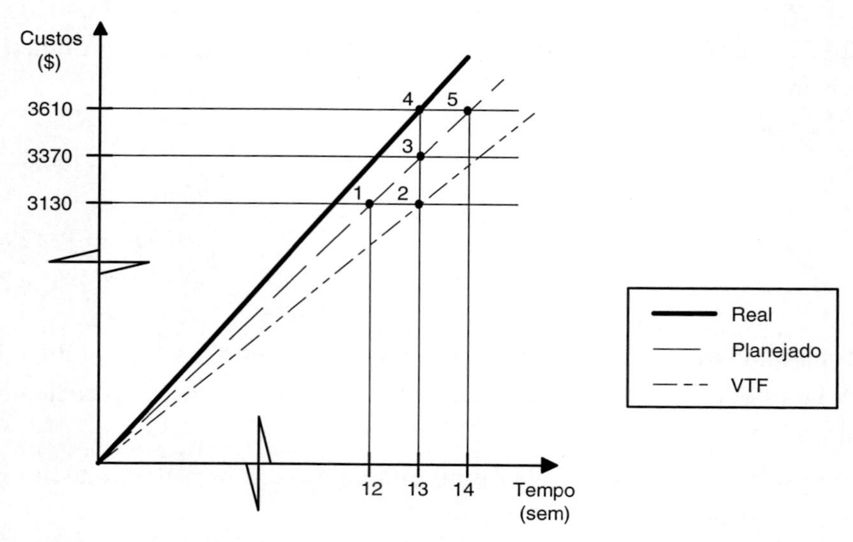


**Figura 5.16:** Gráfico de custos acumulados — ferramenta de análise (real, planejado e VTF).

A utilização do SI ou do VTF como parâmetros para as análises fornece uma visão mais realista da evolução do projeto, evitando que se cometam interpretações enganosas e superficiais. A visualização do gráfico de custos isoladamente poderia proporcionar a ideia de adiantamento do projeto, já que os gastos estavam acima do previsto, fato que não condiz com a real situação de atraso do projeto.

Exemplo aplicado a caso: Valor de Trabalho Feito (VTF) para o Velódromo – RJ.

Orçado inicialmente em R$118 milhões, o velódromo teve um custo de R$143 milhões. A obra foi contratada em fevereiro de 2014, até 1 de junho de 2016. O índice de execução estava em 88% (DOLZAN, 2016). Utilizando esses valores para calcular o VTF, temos:

VTF = 0,88. 118 = 103,84 milhões

Por esse índice, deveria haver ainda R$14,16 milhões para concluir a execução. Segundo a empreiteira, os projetos apresentados na ocasião da assinatura do contrato estavam com erros que poderiam comprometer a segurança dos usuários. Isso culminou no atraso de quatro meses da obra.

Mas a pergunta que fica é: por que isso não foi visto antes? Para a empresa apresentar uma proposta ela parte de um projeto básico e executivo.

## 68. Risco na Gestão de Projetos

A gestão de riscos está presente desde as primeiras edições do PMBok, ocupando o *status* de uma das áreas de conhecimento para a gestão de projetos. A teoria de riscos vem ganhando destaque em outras áreas da gestão e multiplicando suas aplicações. Entender quais são os riscos, quais seus principais impactos e como gerenciá-los é uma preocupação atual da gestão nos mais distintos negócios e segmentos.

O risco de um projeto é uma situação ou condição incerta (é uma situação potencial) que caso ocorra, causará um impacto significativo para os objetivos estabelecidos.

Os impactos causados pelo evento risco podem ser positivos (oportunidades) ou negativos (ameaças), diferentemente do sentimento comum de que um risco efetivado é sempre gerador de prejuízos ao projeto.

As causas dos riscos podem ser de diferentes naturezas: intrínsecas ao projeto (por exemplo, falta de habilidade na aplicação de práticas de gestão de projetos, disponibilidade de tecnologia ou recursos materiais etc.); internas ao ambiente em que o projeto está sendo executado (por exemplo, posturas das pessoas envolvidas com focos distintos, como: resistência a mudança, disputas de poder, visão em relação ao risco etc.) e externas (por exemplo, ambiente político/econômico, atitude de fornecedores e clientes, acidentes, catástrofes etc.).

Em um projeto há os riscos conhecidos e os riscos desconhecidos. Os riscos desconhecidos estão mais associados a categoria de riscos externos e, mais especificamente, aos riscos oriundos de força maior (por exemplo, desastres naturais). Dificilmente poderíamos considerá-los numa abordagem de gestão de riscos, pois seria muito difícil prevê-los. Quanto aos riscos conhecidos, podemos separá-los em conhecidos e sob os nossos domínios de atuação (por exemplo, a maioria dos listados nas categorias dos intrínsecos ou internos) e os conhecidos e fora do domínio de nossa atuação (por exemplo, vários associados a categoria dos externos).

Logicamente a gestão de riscos será mais aplicada, com todo seu ferramental disponível, aos riscos conhecidos. Para os riscos desconhecidos a política geralmente adotada é a reserva de recursos para uma urgência inesperada que venha ocorrer.

O importante para iniciar a gestão dos riscos é uma boa e detalhada descrição dos riscos. Um risco possui causas que têm probabilidades associadas de ocorrência e que estão ligadas a consequências (impactos positivos ou negativos) aos objetivos do projeto. Uma boa prática para a realização da identificação dos riscos é a montagem de uma lista de riscos, envolvendo as várias partes envolvidas no projeto (diferentes visões e interesses), buscando responder com precisão:

- Qual é o risco?
- Quais as causas que poderiam gerá-lo?
- Quais os impactos sobre os objetivos do projeto?

Um projeto não deveria iniciar sem o planejamento em relação aos principais riscos (identificação, análises e medidas a serem tomadas). Como o próprio PMBok orienta, a gestão do risco deve ser iniciada junto do macroprocesso "Planejar", deverá compor um item da declaração do escopo do projeto. Com a evolução e o detalhamento das atividades do projeto, o tratamento dado aos riscos também evolui no seu detalhamento, fazendo a gestão de riscos acontecer efetivamente.

## 69. Análise e Posicionamentos em Relação aos Riscos

Com os riscos bem identificados e caracterizados, a gestão de riscos pode passar para a análise dos riscos. De maneira didática, podemos adotar duas análises distintas: quantitativa e qualitativa, ambas com um bom instrumental de técnicas para análise dos riscos, proposto pela literatura da área. Enquanto a quantitativa necessita de dados (histórico ou levantamento) bem organizados e de pessoal e tecnologia para tratamento dos mesmos (técnicas quantitativas: árvore de decisão e análise do valor esperado, modelagem e simulação, análise de sensibilidade), a qualitativa demanda a aplicação de técnicas baseadas na participação e avaliação por parte dos especialistas envolvidos no projeto.

A aplicação de análise quantitativa fornece uma decisão embasada em números, o que garante melhor comprovação, justificativa, confiabilidade, mas demanda condições adequadas de disponibilidade de tempo e recursos para sua aplicação. Já a análise qualitativa também possui suas demandas de tempo e recursos, mas tais demandas estão disponíveis em todos os projetos, portanto podemos aplicá-las sem restrições. Por esse motivo, neste módulo, vamos centrar nossa atenção para a apresentação de uma abordagem de análise qualitativa tradicional e muito utilizada, a Matriz de probabilidades e impactos.

A matriz de probabilidades e impactos fornece uma priorização entre os riscos, classificando-os em prioridade baixa, moderada ou alta, utilizando para tanto a combinação de estimativas de probabilidade e impactos, reconhecida por parte da literatura da área como a severidade do risco.

A matriz de probabilidades e impactos pode assumir várias formatações, dependendo das necessidades, das informações disponíveis e da cultura de análise de riscos do projeto e das organizações envolvidas. A matriz pode apresentar seus quadrantes coloridos, representação básica: verde (severidade baixa), amarelo (severidade moderada) e vermelho (severidade alta). Pode ser formatada com uma paleta de cores mais ampla ou em escala *dégradé* em preto e branco. As escalas de probabilidade e de impacto podem ser indicadas por escalas numéricas ou por categorias. As análises sobre os impactos podem considerar uma ou mais dimensões: escopo, orçamento, prazos e outras.

Como já destacado, os impactos não necessariamente são negativos. A representação da matriz de probabilidades e impactos pode ser dupla, indicando a severidade dos riscos quanto aos impactos negativos (ameaças) e positivos (oportunidades).

Com o risco caracterizado (severidade calculada ou categorizada) e a matriz de probabilidade e impacto construída, posiciona-se o risco sob ela e verifica-se em que faixa (posição) de atenção o risco se encontra. Este posicionamento irá auxiliar as medidas (políticas) a serem adotadas quanto ao tratamento dos riscos.

Baseado nas orientações do PMBok e com o foco na metade das ameaças (riscos com impactos negativos), pode-se adotar as seguintes posturas em relação ao tratamento dos riscos:

- **Prevenir:** Ações visam atuar sobre o plano do projeto para eliminar as causas associadas aos riscos, protegendo o projeto de seus efeitos negativos indesejáveis (ameaças) sobre os objetivos do projeto. Esta política é apropriada para os riscos posicionados na zona de severidade alta (matriz colorida: zona vermelha da matriz de ameaças).
- **Transferir**: Ações visam a transferência dos riscos para terceiros, que assumiriam as responsabilidades caso os riscos venham a se efetivar. Alguns exemplos são: seguros, garantias e fianças. Estas ações são típicas para riscos que envolvem exposição a riscos financeiros. A ideia central é transferir o risco em troca de um prêmio financeiro.
- **Mitigar:** Ações visam reduzir a probabilidade de ocorrência e/ou o impacto gerados pelos riscos. Mesmo mediante a atitude proativa para reduzir a pos-

sibilidade de ocorrência destes riscos, caso um deles venha a ser efetivado, providências também foram tomadas para que seus efeitos fossem minimizados.

- **Aceitar:** A postura principal está associada a passividade. Pode-se, simplesmente, determinar que para alguns riscos não serão disparadas nenhuma ação preventiva, a não ser aguardar a ocorrência dos mesmos, depois agir sobre suas consequências. Tipicamente uma postura reativa. Uma variante desta postura passiva é aceitar a ocorrência dos riscos, ou seja, esperar para verificar se eles ocorrerão, mas deixar preparado um plano de contingências, que, tipicamente, deverá especificar uma reserva de recursos, sejam eles: financeiros, materiais e/ou de recursos humanos, para absorver as consequências dos riscos.

O importante na gestão de riscos é estabelecer uma dinâmica de revisão de todas as etapas apresentadas, pois, ao longo do projeto, muitas condições de contorno que se relacionam diretamente com as causas, a probabilidade e o impacto dos riscos sofrem significativas alterações e necessitam ser reconsideradas.

## 70. *Checklist* de Gestão de Projetos

Como síntese do conteúdo abordado pelo livro é importância destacar o processo de raciocínio para viabilizar a gestão de projetos. Basicamente são dez etapas que devem ser cumpridas:

1. **Elaborar o escopo do projeto:** Elaborar descrição narrativa do trabalho requerido para o projeto que lista os objetivos, restrições e critérios de sucesso do projeto, definindo assim "as regras do jogo".
2. **Elaborar a estrutura analítica de projeto:** Identificar os entregáveis do projeto e assegurar que o projeto inclui todo o trabalho necessário e assegurar que o projeto não inclui trabalho além do necessário.
3. **Elaboração da rede:** A partir da identificação das atividades e precedências elabora-se a rede. Na rede americana todos os eventos que estiverem "soltos" devem ser endereçados ao último evento. Na verificação da rede, deve-se observar se há atividades fictícias desnecessárias. A direção da numeração dos eventos deve ser de cima para baixo e o sentido da esquerda para a direita.
4. **Estimar as durações:** As durações são o ponto de partida para a estimativa da programação. Devem ser colocadas sobre as setas para o início do processo de programação.

5. **Estimar a programação cedo e a programação tarde:** A programação cedo é a primeira data possível em que um evento pode ser realizado sem comprometer a duração do projeto. É indicada com um número dentro de um círculo. A programação tarde é a última data possível em que um evento pode ser realizado sem comprometer a duração do projeto. É indicada em cima do evento com um número dentro de um quadrado em cima da programação cedo. No caso de obras de construção civil é interessante adotar a programação cedo para que haja folga caso seja necessário reprogramar.
6. **Estimar as folgas:** As folgas são estimadas a partir das durações e das programações cedo e tarde. A folga total é obtida a partir do tarde final subtraindo o cedo inicial e subtraindo a duração. Formulação: ($F_t = (T_f - C_i) - dur$). A folga livre é obtida a partir do cedo final subtraindo o cedo inicial e subtraindo a duração. Formulação: ($F_t = (C_f - C_i) - dur$). O caminho crítico ocorre quando não há folga livre.
7. **Elaborar o diagrama PERT-CPM:** Para a elaboração do PERT-CPM adota-se uma legenda relativa a representação. As folgas total e livre são colocadas em colunas e na sequência representa-se o PERT-CPM. Inicia-se representando o tempo disponível. Em seguida, as atividades críticas, a programação cedo e a programação tarde. Para balizar a programação a ser utilizada, elabora-se a programação de recursos.
8. **Elaborar o histograma de recursos:** Os passos são indicados a seguir:

   No histograma de recursos, inicialmente alocam-se os recursos de forma numérica sobrepondo os valores nas representações gráficas do PERT-CPM. Em seguida, elabora-se o histograma de recursos. Para isso, representam-se os blocos das atividades críticas. A base representa a utilização das atividades e a altura representa a quantidade de recursos. É importante não deixar espaços em branco (ou rupturas) no histograma. Na sequência, indica-se a linha de somatório da programação cedo. O contorno externo do histograma deve coincidir com a linha de somatório. Uma vez elaborado o histograma é possível avaliar se a distribuição de recursos está ok ou não.
9. **Reprogramação de recursos:** É importante garantir que a distribuição de recursos seja a mais homogênea possível. Entretanto, se houver um limitante máximo de recursos, o histograma não pode superalocar os recursos. Neste caso, deve-se reprogramar o projeto, observando a primeira data que está comprometendo os recursos e fazer a distribuição.

10. **Questões fundamentais:** A reprogramação de recursos pode ser feita procurando responder a três perguntas:
    - Usei além da folga total?
    - Zerei a folga total?
    - Usei além da folga livre?

Essas perguntas garantem que a programação de recursos não comprometerá a programação de atividades.

## 71. Novas Possibilidades de Gestão de Projetos: O BIM

A indústria da AECO contemporânea pauta-se pela busca constante de novos processos e tecnologias voltadas para produtividade e qualidade dos produtos, considerando as suas especificidades (ALASHWAL, RAHMAN & BEKSIN, 2011; FERNÁNDEZ-SOLÍS, 2008). O *building information modeling* (BIM), ou modelagem da informação da construção, surge deste contexto da indústria de AEC.

O BIM é o resultado da interação de práticas, processos e tecnologias que possibilitam o desenvolvimento de uma metodologia voltada ao gerenciamento na construção civil (SUCCAR, 2009), representando uma mudança do processo de projeto fundamentado no *computer aided design* (CAD). Com o BIM, o desenvolvimento do projeto é fundamentado em objetos que representam os próprios elementos físicos construtivos, como portas, paredes, pilares, vigas e instalações, por exemplo, com atribuição de uma riqueza semântica, diferente de objetos CAD que possuem pouco ou nenhum metadado, sendo apenas representações de linhas.

Embora diferentes autores apresentem diferentes definições, percebe-se em comum o fato de o BIM utilizar informações e dados paramétricos para realizar a construção virtual de um edifício, podendo ser manipulados e compartilhados em plataforma comum (SUCCAR, 2009; SUCCAR, SHER & WILLIAMS, 2012; ZHANG & HU, 2011).

O BIM permite o desenvolvimento de produtos com maior qualidade de informações, permitindo avaliar de forma eficiente e precoce diferentes alternativas para solução dos problemas construtivos (SUCCAR, SHER & WILLIAMS, 2012). Essa melhoria do processo de projeto por meio do BIM permite simular alternativas de projeto, gerando um impacto positivo na eficiência da edificação com significativa redução do prazo de execução e custos financeiros da obra com melhora da sustentabilidade do ambiente construído, reduzindo desperdícios e custos ocasionados por falhas decorrentes da etapa de projeto (BOTON, KUBICKI & HALIN, 2015; CHI,

KANG & WANG, 2013; COSTA & ILHA, 2017; HAN & GOLPARVAR-FARD, 2015; LU, WON & CHENG, 2016; SMITH, 2014; WON & CHENG, 2017). Além disso, permite antecipação da visualização do processo de operação e manutenção ao longo do ciclo de vida da edificação (DONATO, LO TURCO & BOCCONCINO, 2017; HJELSETH, 2011).

As informações existentes nos elementos do modelo BIM permitem que sejam desenvolvidas diversas simulações e análises, com a adição de parâmetros que podem agregar novas dimensões ao objeto virtual, além das representadas pelos eixos X, Y e Z, que caracterizam o chamado 3D. A nomenclatura adotada para as dimensões adicionais do BIM são (FADEYI, 2017; SMITH, 2014):

- 4D, para adição do tempo, fazendo simulações da construção virtual e plano de ataque no canteiro de obras.
- 5D, para integração de custo ao modelo, podendo ver a evolução dos gastos da obra ao longo do tempo e gerar os orçamentos a partir do modelo.
- 6D, para a etapa de manutenção do edifício após a construção, onde podem ser inseridos dados no modelo que permitam à administradora do prédio saber sobre manutenções preventivas dos equipamentos e sistemas instalados no edifício.
- 7D, para análise da sustentabilidade, permitindo conhecer desempenho dos elementos a serem especificados, como por exemplo, emissão de $CO_2$.
- 8D, para incorporação do aspecto segurança, tanto na etapa de execução da obra quanto na utilização da edificação.

A utilização do BIM possibilita, portanto, desenvolver múltiplas simulações de desempenho na etapa de projeto, permitindo analisar cenários para melhor processo de tomada de decisão com correções tempestivas e fundamentadas em evidências e dados técnicos.

## 71. Fronteiras da Gestão de Projetos na Construção Civil

Além dos temas básicos associados à gestão de projetos na construção civil, para aqueles que se interessarem em continuar estudando o assunto, apresenta-se aqui uma sistematização de Yang (2007), que elaborou um mapa contendo as técnicas de gestão de projetos utilizadas em construção, de modo a sintetizar o conhecimento já difundido sobre o assunto, a partir de Araújo (2012). Os conceitos abordados e trabalhos encontrados nestes enfoques foram:

**Técnicas de simulação:** Sistema de programação baseada em simulação simplificada (S3 – *Simplified simulation-based scheduling*) (LU, LAM & DAI, 2008). Representação matemática para inferir futuros alternativos para o desenvolvimento de sistemas de simulação (ANDERSON, MUKHERJEE & ONDER, 2009). Modelo de simulação de construção enxuta incluindo fluxo unitário de peças e produção puxada, reestruturação de trabalho e multifuncionalidade (SACKS, ESQUENAZI & GOLDIN, 2007).

**Técnicas de sequenciamento linear:** Modelo robusto de otimização multiobjetivo para o planejamento e programação de projetos de construção repetitivos (HYARI & EL-RAYES, 2006). Identificação formal e processo de ressequenciamento para suportar a geração rápida de alternativas de sequências em programas de construção, utilizando os princípios da inteligência artificial (KOO, FISCHER & KUNZ, 2007).

**Método do caminho crítico (CPM):** Sistema de otimização colônia de formigas para calcular tanto os aspectos determinísticos quanto probabilísticos das redes PERT/CPM (ABDALLAH et al., 2009; DUAN & LIAO, 2010).

**Avaliação da programação e técnicas de controle:** Estrutura conceitual e um modelo de sistema para a gestão da variação das ordens programadas (ARAIN & PHENG, 2007). Soluções para amenizar problemas de variações nos projetos de construção pública (ALNUAIMI et al., 2010). Atualização de programação com uso de câmeras de alta resolução com as imagens das atividades do canteiro de obras (BOHN & TEIZER, 2010).

**Avaliação gráfica e técnicas de revisão:** Produção de imagens 4D CAD como suporte para programação (STAUB-FRENCH, RUSSELL & TRAN, 2008). Sistema para representar o progresso da construção não somente com uso do CPM, mas de uma representação gráfica sincronizada com a programação de trabalho agrupada a GIS, um *software* de planejamento de projetos e CAD (POKU & ARDITI, 2006). Algoritmo que deriva uma ordem de construção a partir de um modelo sólido da edificação, utilizando 4D CAD (VRIES & HARINK, 2007).

**Planejamento e alocação de recursos:** Programar sem considerar recursos não é realista e pode causar atrasos de cronograma (IBBS & NGUYEN; 2007; KIM, 2009).

**Planejamento e análise de redes:** Arquitetura para conexão de processos (O'BRIEN et al., 2008). Estratégias de planejamento colaborativas com uso de uma plataforma baseada na Web (VERHEIJ & AUGENBROE, 2006).

**Análise de atrasos:** Método de previsão fornecendo previsões probabilísticas de duração do projeto (KIM & REINSCHMIDT, 2010).

**Problemas relacionados com o balanço tempo-custo.**

**Programação da Corrente Crítica:** Teoria das Restrições.

Uma integração sistemática da perspectiva estratégica e dos detalhes operacionais pode ajudar a aumentar o desempenho de processos na medida em que permite aos gestores da construção identificar áreas de processos com potencial de melhoria que abordagens tradicionais podem deixar de lado (PEÑA-MORA et al., 2008).

Dentro de uma perspectiva mais moderna, Sacks et al. (2010) estruturam e analisam as relações e interações entre os conceitos BIM e Construção Enxuta, podendo-se identificar as sinergias potenciais existentes ao planejar suas estratégias de adoção dessas duas filosofias. Paralelamente, Sacks, Radosavljevic e Barak (2010) oferecem uma estrutura de implementação do KanBIM combinando e representando uma alternativa a conceitos e tecnologias de programação. Seus resultados alcançam melhoria do fluxo de trabalho e redução de desperdícios com a visualização do produto e do processo.

## Referências

ABDALLAH, H.; EMARA, H.M.; DORRAH, H.T.; BAHGAT, A. (2009) Using ant colony optimization algorithm for solving project management problems. Expert Systems with Applications, v. 36, n. 6, p. 10004-10015.

ALASHWAL, A.M.; RAHMAN, H.A.; BEKSIN, A.M. (2011) Knowledge sharing in a fragmented construction industry: on the hindsight. Scientific Research and Essays, v. 6, n. 7, p. 1530-1536.

ALNUAIMI, A.S.; TAHA, R.A.; AL MOHSIN, M.; AL-HARTHI, A.S. (2010) Causes, effects, benefits, and remedies of change orders on public construction projects in Oman. Journal of Construction Engineering and Management - ASCE, v. 136, n. 5, p. 615-622.

ANDERSON, G.R.; MUKHERJEE, A.; ONDER, N. (2009) Traversing and querying constraint driven temporal networks to estimate construction contingencies. Automation in Construction, v. 18, n. 6, p. 798-813.

ARAIN, F.M.; PHENG, L.S. (2007) Modeling for management of variations in building projects. Engineering, Construction and Architectural Management, v. 14, n. 5, p. 420-433.

ARAÚJO, L.D. (2012) Modelo de referência para operacionalização e reconfiguração de redes de construção civil. Tese (Doutorado em Engenharia de Produção [São Carlos]) - Universidade de São Paulo, Fundação de Amparo à Pesquisa do Estado de São Paulo. Orientador: Fábio Müller Guerrini.

BOHN, J.S.; TEIZER, J. (2010) Benefits and barriers of construction project monitoring using high-resolution automated cameras. Journal of Construction Engineering and Management - ASCE, v. 136, n. 6, p. 632-640.

BOTON, C.; KUBICKI, S.; HALIN, G. (2015) The challenge of level of development in 4D/BIM simulation across AEC project lifecycle. A case study. Procedia Engineering, v. 123, p. 59-67.

CHI, H.L.; KANG, S.C.; WANG, X. (2013) Research trends and opportunities of augmented reality applications in architecture, engineerings, and construction. Automation in Construction, v. 33, p. 116-122.

COSTA, C.H. de A.; ILHA, M.S. de O. (2017) Componentes BIM de sistemas prediais hidráulicos e sanitários baseados em critérios de desempenho. Ambiente Construído, v. 17, n. 2, p. 157-174.

CUKIERMAN, Z.S. (2000) O modelo PERT/COM aplicado a projetos, 7ª edição. Rio de Janeiro: Reichman & Affonso Editores.

DOLZAN, M. (2016) Construtora culpa erro em projeto por atraso no velódromo. O Estado de São Paulo, Esportes, 1 de junho.

DONATO, V.; LO TURCO, M.; BOCCONCIO, M.M. (2017) BIM-QA/QC in the architectural design process. Architectural, Engineering and Design Management, v. 14, n. 3, p. 239-254.

DUAN, Q.; LIAO, T.W. (2010) Improved ant colony optimization algorithms for determining project critical paths. Automation in Construction, v. 19, n. 6, p. 676-693.

FADEYI, M.O. (2017) The role of building information modeling (BIM) in delivering the sustainable building value. International Journal of Sustainable Built Environment, v. 6, n. 2, p. 711-722.

FERNÁNDEZ-SOLÍS, J.L. (2008) The systemic nature of the construction industry. Architectural, Engineering and Design Management, v. 4, p. 31-46.

HAN, K.K.; GOLPARVAR-FARD, M. (2015) Appearance-based material classification for monitoring of operation-level construction progress using 4D BIM and site photologs. Automation in Construction, v. 53, p. 44-57.

HJELSETH, E. (2011) Exchange of relevant information in BIM objects defined by role and life-cycle information model. Architectural, Engineering and Design Management, v. 6, n. 4, p. 279-287.

HYARI, K.; EL-RAYES, K. (2006) Optimal planning and scheduling for repetitive construction projects. Journal of Management in Engineering, v. 22, n. 1, p. 11-19.

IBBS, W.; NGUYEN, L.D. (2007) Schedule analysis under the effect of resource allocation. Journal of Construction Engineering and Management - ASCE, v. 133, n. 2, p. 131-138.

KIM, K. (2009) Delay analysis in resource-constrained schedules. Canadian Journal of Civil Engineering, v. 36, n. 2, p. 295-303.

KOO, B.; FISCHER, M.; KUNZ, J. (2007) A formal identification and re-sequencing process for developing sequencing alternatives in CPM schedules. Automation in Construction, v. 17, n. 1, p. 75-89.

LEITE, F. (2016) Consórcio paralisa obra do Rodoanel Norte e Dersa ameaça romper contrato. O Estado de São Paulo, Metrópole, A12, 3 de junho.

LU, M.; LAM, H.C.; DAI, F. (2008) Resource-constrained critical path analysis based on discrete event simulation and particle swarm optimization. Automation in Construction, v. 17, n. 6, p. 670-681.

LU, Q.; WON, J.; CHENG, J.C.P. (2016) A financial decision making framework for construction projects based on 5D building information modeling (BIM). International Journal of Project Management, v. 35, p. 3-21.

MUSETTI, M. (2009) Planejamento e controle de projetos (Capítulo 3). In: ESCRIVÃO FILHO, E. Gerenciamento na construção civil. São Carlos, Projeto Reenge, setor de publicação da EESC-USP.

PENA-MORA, F.; HAN, S.; LEE, S.; PARK, M. (2008) Strategic-operational construction management: Hybrid system dynamics and discrete event approach. Journal of Construction Engineering and Management - ASCE, v. 134, n. 9, p. 701-710.

POKU, S.E.; ARDITI, D. (2006) Construction scheduling and progress control using geographical information systems. Journal of Computing in Civil Engineering, v. 20, n. 5, p. 351-360.

PMI (PROJECT MANAGEMENT INSTITUTE). (2008) Um guia de conhecimento em gerenciamento de projetos (guia PMBok). 4ª ed. Pensilvânia: PMI.

SACKS, R.; ESQUENAZI, A.; GOLDIN, M. LEAPCON. (2007) Simulation of lean construction of high-rise apartment buildings. Journal of Construction Engineering and Management - ASCE, v. 133, n. 7, p. 529-539.

SACKS, R.; KOSKELA, L.; DAVE, B.A.; OWEN, R. (2010) Interaction of lean and building information modeling in construction. Journal of Construction Engineering and Management - ASCE, v. 136, n. 9, p. 968-980.

SACKS, R.; RADOSAVLJEVIC, M.; BARAK, R. (2010) Requirements for building information modeling based lean production management systems for construction. Automation in Construction, v. 19, n. 5, Special Issue, p. 641-655.

SMITH, P. (2014) BIM & the 5D project cost manager. Procedia – Social and Behavioral Sciences, v. 119, p. 475-484.

STAUB-FRENCH, S.; RUSSEL, A.; TRAN, N. (2008) Linear scheduling and 4D visualization. Journal of Computing in Civil Engineering, v. 22, n. 3, p. 192-205.

SUCCAR, B. (2009) Building information modeling framework: A research and delivery foundation industry stakeholders. Automation in Construction, v. 18, p. 357-375.

SUCCAR, B.; SHER, W.; WILLIAMS, A. (2012) Measuring BIM performance: five metrics. Architectural, Engineering and Design Management, v. 8, n. 2, p. 120-142.

VRIES, B.; HARINK, J.M.J. (2007) Generation of a construction planning from a 3D CAD model. Automation in Construction, v. 16, n. 1, p. 13-18.

WON, J.; CHENG, J.C.P. (2017) Identifying potential opportunities of building information modeling for construction and demolition waste management and minimization. Automation in Construction, v. 79, p. 3-18.

YANG, J-B. (2007) Developing a knowledge map for construction scheduling using a novel approach. Automation in Construction, v. 16, n. 6, p. 806-815.

ZHANG, J.P.; HU, Z.Z. (2011) BIM and 4D based integrated solution of analysis and management for conflicts and structural safety problems during construction: 1. principles and methodologies. Automation in Construction, v. 20, p. 155-166.

# Capítulo 6

# LICITAÇÃO E ORÇAMENTOS

## Resumo

A licitação é o procedimento pelo qual a Administração Pública seleciona seus futuros contratados para aquisições e prestação de serviços, dentre os quais obras e serviços de engenharia e arquitetura, objetivando assegurar a igualdade de condições na disputa (isonomia) a todos os concorrentes, selecionando a proposta mais vantajosa para a Administração Pública, promovendo o desenvolvimento nacional sustentável. A quais princípios esse procedimento está vinculado? E quais são os limites da legislação?

Entende-se por orçamento para obras de construção civil o levantamento da quantidade de serviços (projetos), seus respectivos preços unitários e o preço global do investimento. O orçamento é parte integrante de qualquer processo licitatório envolvendo obras e serviços de engenharia e arquitetura. Sobre esse processo, serão tratadas as definições de orçamentos e orçamentação, bem como as técnicas orçamentárias, requisitos básicos, composição de um orçamento, entre outros aspectos importantes.

## Objetivos instrucionais

Apresentar definições, modalidades, princípios acerca do processo de orçamentação e licitação.

## Objetivos de aprendizado

Após a leitura deste capítulo espera-se que o leitor seja capaz de:

* Compreender o processo de licitação, suas modalidades, princípios, potencialidades e restrições.
* Compreender o processo de orçamentação, seus requisitos, composição, cálculo do BDI, entre outros aspectos.

## 73. O Que a Administração Pública Pode Fazer?

Diferente das organizações privadas que possuem ampla liberdade na escolha e condução dos processos de compra, alienação, contratação e execução de obras e serviços (inclusive de engenharia e arquitetura), a Administração Pública (por meio de seus órgãos da administração direta, autarquias, empresas públicas ou de economia mista) deve obedecer a uma série de procedimentos regulamentados e preestabelecidos em lei. Em linhas gerais, as organizações privadas podem fazer tudo que a lei não proíbe e a Administração Pública só pode fazer o que a lei determina. A Administração Pública tampouco tem vontade própria.

Todo produto ou serviço a ser adquirido deve observar os trâmites do processo licitatório, decorrentes da Lei 8.666/93. Segundo Mello (2007, p. 505) o processo pode ser definido como "(...) um certame em que as entidades governamentais devem promover e no qual abrem disputa entre os interessados em com elas travar determinadas relações de conteúdo patrimonial, para escolher a proposta mais vantajosa às conveniências públicas". Em outras palavras, o processo de licitação é a forma como a Administração Pública compra e vende.

A rigor, o mínimo exigido para qualquer compra realizada pela Administração Pública é a cotação de três preços de fornecedores distintos. Para avaliar se os valores estão compatíveis com os praticados pelo mercado, no caso das obras de engenharia e arquitetura, utilizam-se indicadores de custos nacionais. Nas fases internas das licitações, ou seja, conduzidas pelo órgão que pretende contratar alguma obra ou serviço de engenharia e arquitetura, exige-se a utilização de índices oficiais para desenvolvimento do orçamento, quando utilizados recursos da União, a saber: o Sistema Nacional de Pesquisa de Custos e Índices da Construção Civil (Sinapi), para as obras de edificações, e o Sistema de Custos Referenciais de Obras (Sicro), para obras de modais de transporte.

A Administração Pública, a partir de, pelo menos, um orçamento de referência inicia a fase interna do processo de licitação. Uma vez estabelecido o valor total da obra, a partir dos custos apurados em um orçamento da obra, esse valor será o valor máximo (de referência) que a Administração Pública se dispõe à remunerar a futura construtora ganhadora do processo de licitação.

A Constituição Federal, por meio do art. 37, estabeleceu princípios gerais aos quais todos os entes da Administração Pública — direta ou indireta, assim como qualquer um dos demais poderes — devem obedecer. Esses princípios são: da legalidade, impessoalidade, moralidade, publicidade e eficiência.

A licitação pública é o procedimento pelo qual a Administração Pública seleciona seus futuros contratados para aquisição, execução de obras e prestação de serviços, atendendo aos princípios constitucionais, conforme estabelece a Lei 8.666/93, art. 3º, para:

> (...) garantir a observância do princípio constitucional da isonomia, a seleção da proposta mais vantajosa para a Administração e a promoção do desenvolvimento nacional e sustentável e será processada e julgada em estrita conformidade com os princípios básicos da legalidade, da impessoalidade, da moralidade, da igualdade, da publicidade, da probidade administrativa, da vinculação ao instrumento convocatório, do julgamento objetivo e dos que lhes são correlatos.

Há uma série de princípios, portanto, que devem ser seguidos pelo instrumento convocatório conhecido como edital de licitação. A não observação de qualquer um dos princípios constitucionais acarreta a descaracterização do processo, invalidando qualquer resultado do processo (MELLO, 2007).

Portanto, não é possível à Administração Pública contratar uma construtora simplesmente porque possui um bom histórico de realização de obras públicas ou apresenta certificações de qualidade e bom desempenho socioambiental. Seu acervo técnico é apenas um dos aspectos a ser considerado. A empresa precisa atender a todos os requisitos descritos em edital de licitação para ser contratada.

A licitação é um processo administrativo que publica um edital, que é retirado pelos licitantes (de forma física ou digital), os quais elaboram a proposta e apresentam a documentação necessária. A empresa que atender a todos os requisitos previstos no edital e apresentar a proposta mais vantajosa à Administração Pública será a vencedora da licitação.

## 74. Risco Moral ou Seleção Adversa?

Na teoria econômica clássica existe a suposição de que todos os agentes possuem o mesmo nível de informação e que toda a informação é perfeita. Entretanto essas considerações, em muitos casos, não correspondem à realidade. Frequentemente o que se observa nos mercados são relacionamentos que envolvem assimetria de informação entre os agentes econômicos, isto é, casos em que uma das partes envolvidas na transação possui alguma informação privada, não adquirível sem custos pela outra parte (AZEVEDO, 1997).

A partir da revisão dos conceitos da teoria clássica, surgiram teorias que contribuíram para analisar as situações que envolvem assimetria de informação, uma delas é a teoria do agente e principal.

A teoria do Agente e Principal procura analisar os conflitos e custos resultantes de um relacionamento cooperativo no qual a divisão de trabalho ocorre entre pessoas ou empresas com interesses divergentes (EISENHARDT, 1989). Uma relação de agência é definida por Jense e Meckling (1976, p. 5) como:

> (...) um contrato sob o qual uma ou mais pessoas (o principal) contrata outra pessoa (o agente) para realizar algum serviço em seu interesse no qual envolve delegação de alguma autoridade para tomada de decisão para o agente. Se ambas as partes da relação são maximizadoras de utilidade, existe uma boa razão para acreditar que o agente não atuará sempre nos melhores interesses do principal.

Assim, os problemas da relação entre agente e principal surgem quando os objetivos do principal e do agente são conflitantes e nos casos em que é difícil ou custoso para o principal verificar as ações do agente, pois nesses casos o agente poderá negligenciar o cumprimento de suas tarefas, prejudicando os objetivos do principal (EISENHARDT, 1989).

Há dois aspectos da teoria do agente e principal, causados pela assimetria da informação: a seleção adversa e o risco moral.

Na seleção adversa, a assimetria de informação ocorre devido à falta de informações por parte do principal acerca das habilidades dos agentes do mercado. Nessa situação, o agente pode ocultar informações que não sejam interessantes para aquele bem transacionado, atuando de forma oportunista (VARIAN, 2000). Uma alternativa para esse tipo de comportamento é criar mecanismos de sinalização no mercado. Nesse caso, os agentes de qualidade agiriam de modo a fornecer informações confiáveis acerca do bem transacionado (SPENCE, 1973). O principal poderia exigir, por exemplo, certificados e garantias de longo prazo para distinguir a qualidade dos agentes (WIGAND, PICOT & REICHWALD, 1997).

Já o risco moral ocorre após o estabelecimento de contrato entre o agente e o principal, caso o agente não respeite os termos contratuais, agindo de forma oportunista, de acordo com os seus interesses para obter vantagens em detrimento da outra parte (AZEVEDO, 1997). O risco moral também pode estar relacionado com situações de ação oculta, nas quais o agente age de forma oportunista sem o conhecimento do principal (VARIAN, 2000).

Gurbaxani e Whang (1991) afirmam que sob a perspectiva da teoria do agente e principal, a disponibilidade de dispositivos de monitoramento que sejam acessíveis e efetivos é um fator decisivo para reduzir os problemas da assimetria de informação, pois os sistemas de informação contribuem para essa finalidade provendo ferramentas efetivas para o monitoramento das ações dos agentes e registrando o histórico do desempenho do agente.

Como exemplo real da teoria econômica, a empresa Desenvolvimento Rodoviário S/A (Dersa) fez a oferta de R$24 milhões para desapropriar duas áreas com 46 mil $m^2$ na zona norte do município de São Paulo para a construção do trecho Norte do Rodoanel.

O valor é 99,1% maior do que o valor calculado por uma perícia judicial de R$12,9 milhões. O valor efetivamente depositado pela Dersa para os proprietários das áreas foi o valor da perícia judicial. Entretanto, os proprietários disseram que só foram comunicados da desapropriação pelo Diário Oficial e pretendem se habilitar no processo. A Dersa afirma que foi vítima de um suposto esquema envolvendo advogados e peritos em Guarulhos para superfaturar o valor das desapropriações (ao todo são 511 imóveis). Os desvios que podem superar R$1 bilhão de reais foram investigados do Ministério Público Estadual (MPE) com a colaboração da Dersa. As diferenças de valores mais do que dobraram os custos previstos com desapropriação no Rodoanel, de R$1,2 bilhão para R$2,5 bilhões (LEITE, 2016).

Esta situação caracteriza risco moral ou seleção adversa?

## 75. Modalidades de Licitação

A licitação de obras públicas no Brasil está inserida dentro do direito administrativo e estabelecida pela Lei 8.666/93 que "Regulamenta o art. 37, inciso XXI, da Constituição Federal, institui normas para licitações e contratos da Administração Pública e dá outras providências".

O processo de licitação para obras públicas é conduzido previamente à assinatura de qualquer contrato administrativo que vise a sua execução. O processo é conduzido, via de regra, onde está localizado o órgão da Administração Pública interessada. O art. 22 da Lei 8.666/93 estabelece diferentes modalidades de licitação. Uma modalidade de licitação é uma forma específica de conduzir o procedimento licitatório, a partir dos critérios previstos em legislação. As modalidades são: concorrência, tomada de preço, convite, concurso e leilão. Posteriormente, a Lei 10.520/02 instituiu uma sexta modalidade de licitação, denominada pregão. A Figura 6.1 apresenta a síntese de cada modalidade, em função do tipo de aquisição e valor máximo de contratação: (i) obras e serviços de engenharia e arquitetura,[1] (ii) compras e serviços e (iii) alienações. Os valores das modalidades de licitações foram alterados pelo Decreto n. 9412 em 19 de junho de 2018, conforme a seguir:

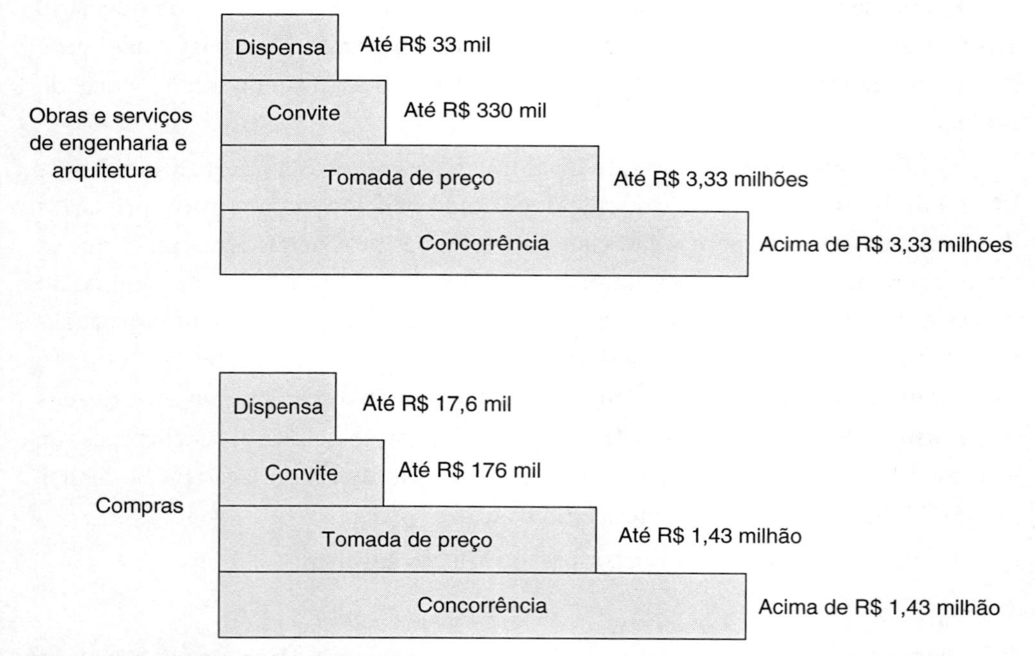


**Figura 6.1:** Modalidades de licitação.

[1] A rigor, utiliza-se o termo "obras de engenharia" ou "serviços de engenharia" para designar o grande rol de atividades vinculadas a uma obra pública. Neste caso, são atividades de engenharia aquelas executadas por profissionais engenheiros agrônomos e civis (Lei 5.194/66), engenheiros industriais, mecânicos, eletricistas, de minas (Lei 6.664/79), engenheiros agrimensores, geólogos (Lei 4.076/62) e arquitetos e urbanistas (Lei 12.378/2010). Neste livro, para efeito didático, optou-se por utilizar o termo amplo, ou seja, "obras e serviços de engenharia e arquitetura".

Das modalidades licitatórias, as obras e serviços de engenharia e arquitetura só podem ser conduzidas por meio de convite, tomada de preço ou concorrência. A modalidade concurso é utilizada para premiações de trabalhos de caráter essencialmente técnico, científico ou artístico relacionado com as áreas de engenharia, arquitetura, planejamento e engenharia urbana, por exemplo. Importante destacar que a sexta modalidade denominada pregão não é passível de utilização para obras de engenharia e arquitetura, tampouco para condução de serviços essencialmente técnico-intelectuais, caracterizados por soluções customizadas.

Para obras e serviços de engenharia e arquitetura, do ponto de vista legal, o convite preocupa-se com o valor global da licitação como fator determinante de sua condução. Os aspectos que cercam a modalidade, como prazo mínimo de cinco dias úteis para apresentação da proposta por empesas interessadas, possibilidade de dispensa de habilitação e prazo recursal reduzido atestam que se trata de indicação para um processo simples. A Administração Pública deve considerar, a partir de princípios constitucionais como eficiência e economicidade, a viabilidade de condução do processo dentro da modalidade convite ou superior — tomada de preço — a partir da análise às características do produto final desejado. Neste sentido, a legislação confere à Administração Pública liberdade para convidar empresas construtoras, pelo menos três, para apresentação de propostas — não vedada a participação de outras empresas interessadas, desde que previamente cadastradas.

A tomada de preço e a concorrência seguem basicamente os mesmos passos. As principais diferenças da tomada de preço em relação à concorrência são:

1. Em relação à participação das empresas, que é limitada a licitantes previamente cadastrados ou que atenderem as exigências previstas em edital, desde que cadastrados até o terceiro dia anterior à data limite para recebimento das propostas (Lei 8.666/93, art. 22, parágrafo 2º).
2. Em relação ao prazo mínimo de publicação do edital e o recebimento das propostas, que deve ser de quinze dias (exceto quanto licitação do tipo "melhor técnica" ou "técnica e preço", quando deverá ser de trinta dias).
3. Em relação ao valor máximo de contratação, que não poderá ser superior a R$3,33 milhão (Lei 8.666/93, art. 23, inciso I).

Especificamente em relação à concorrência, é importante destacar a ausência de limite do valor de contratação. Sua utilização caracteriza-se pela ampla possibilidade de participação de empresas, estejam cadastradas ou não, prazos mais amplos aos licitantes, tanto para apresentação de propostas quanto para apresentação de recursos além da realização do procedimento por meio de comissão de licitação devidamente constituída. Portanto, trata-se de uma modalidade de licitação mais complexa em relação às demais, apta para contratações de obras de maior porte.

Apesar das prescrições previstas e detalhadas em legislação, os gestores públicos apontam a Lei 8.666/93 e a Lei 10.520/02 como as causas dos problemas contratuais enfrentados pelas obras públicas, tais como atrasos na entrega das obras, excesso de aditivos contratuais ou valores superiores daqueles inicialmente orçados. Portanto, ambas as legislações se tornaram foco, ao longo dos anos, de constantes pressões por revisões e mudanças, por diferentes instâncias da Administração Pública e, inclusive, empresas de construção civil.

## 76. Regimes de Execução e Gerenciamento

As empresas de construção civil atuam, de forma geral, em dois segmentos: empreitadas e empreendimentos. Nas empreitadas as empresas atuam construindo para terceiros. Neste sentido, o produto é entendido como "meio" e o cliente precisa da construção para prestar determinado serviço. É neste segmento que atuam as empresas construtoras que atuam em obras públicas. O segmento de empreendimentos caracteriza-se por empresas que constroem para fins de comercialização, tais como empreendimentos imobiliários para venda (como edifícios multifamiliares) ou de base imobiliária pela utilização (como hotéis e shoppings, por exemplo).

Os contratos para execução de obra de engenharia e arquitetura podem ser divididos em tarefas, por preço global, integral ou por preço unitário, apresentados na Figura 6.2.

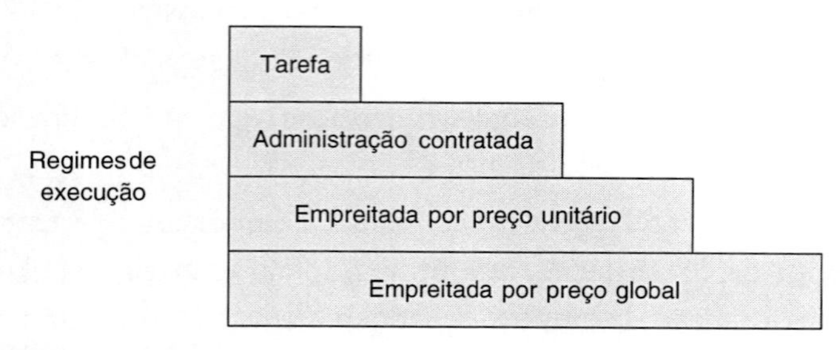


**Figura 6.2:** Tipos de contrato de execução.

A tarefa consiste na forma mais simples de execução, pois visa a realização de pequenos trabalhos em que a mão de obra é o fator preponderante e principal parte do objeto contratado. Neste caso, o fornecimento do material a ser utilizado pode ser, inclusive, fornecido pelo contratante.

O modo de execução por preço global objetiva a entrega de um produto com todos os itens relacionados com o objeto de contratação. Este regime de execução caracteriza-se pela transferência de responsabilidade dos riscos referentes ao valor total do empreendimento à empresa contratada. No entanto, para isso, é necessário que o contratante consiga determinar em projeto e planilha orçamentária todos os itens e valores necessários à execução da obra.

O regime de execução integral relaciona-se com o por preço global, podendo ser entendido como uma forma ampliada de contratação. Neste tipo de execução o contratante busca, não apenas a entrega de um produto, como por exemplo, uma edificação, mas um produto em pleno funcionamento e pronto para uso. Neste caso agregam-se itens relacionados com logística, material e equipamentos necessários, ainda que exigindo a subcontratação de empresa especializada para tais entregas. Como exemplo, a contratação por preço global pode prever a entrega de uma edificação hospitalar; no entanto, apenas a execução integral é capaz de contemplar a entrega de um hospital em funcionamento, com a previsão de mobiliários e equipamentos específicos de uso médico-hospitalar.

Quando o empreendimento é o resultado da multiplicação do preço unitário pela quantidade de unidades contratadas tem-se a execução por preço unitário. Este tipo de execução é indicado para empreendimentos que podem ser divididos em partes ou etapas autônomas e independentes que, futuramente, irão compor um todo. São exemplos de contratação por preço unitário: serviços específicos de execução de sondagem de solo, execução de fundações, serviços de terraplanagem, pavimentação ou restauração de rodovias, obras de saneamento e infraestrutura urbana em geral, reforma de edificação ou execução de poço artesiano para abastecimento de canteiro de obra. Diferente das execuções por preço global e integral, a de preço unitário caracteriza-se pela imprecisão inerente à natureza do objeto contratado, estando sujeita a variações, inclusive, nos quantitativos, decorrentes de razões supervenientes ou não plenamente conhecidas quando da etapa de desenvolvimento do projeto.

A contratação e forma de execução do contrato têm impacto significativo na forma de acompanhamento e, portanto, de remuneração. Desta forma, devem ser planejadas de forma a mitigar os riscos ao contratante, em especial, quando tratar-se da Administração Pública. De forma sintética percebe-se, por exemplo, que a contratação por preço global vai perdendo adequação na mesma proporção em que eleva-se a incerteza do objeto a ser contratado — neste caso, reitera-se a importância do projeto, que é a peça que mostra o que pretende-se de fato contratar (CAMPELO & CAVALCANTE, 2013).

Em relação ao escopo das contratações, com foco no gerenciamento, as empresas de construção civil podem atuar no gerenciamento de projetos, da construção ou do empreendimento. A Figura 6.3 apresenta uma síntese dessas formas de contratação de gerenciamento.

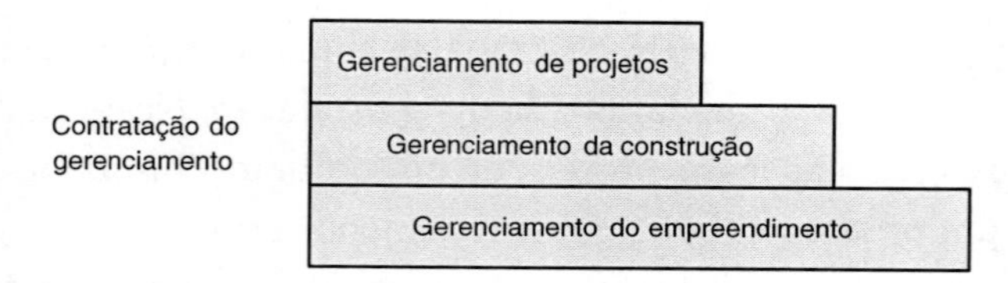


**Figura 6.3:** Formas de contratação de gerenciamento.

## 77. Parcelamento e Fracionamento de Obras Públicas

A discussão quanto ao limite e mesmo semântica do parcelamento e fracionamento em obras públicas é tema que suscita discussões, sendo causa de diversos acórdãos emitidos pelo TCU ao longo dos anos.

A Lei 8.666/93 estabelece, no art. 23, parágrafo 1°, como fundamentação geral, que as compras — incluídas aqui as obras de engenharia e arquitetura — efetuadas pela Administração Pública devem ser divididas em quantas parcelas forem possíveis, desde que comprovadas as viabilidades técnicas e econômicas. Por trás deste conceito, fundamenta-se o parcelamento do objeto, que busca ampliar o universo de concorrentes e empresas participantes. Desta forma, cada parte, item, etapa ou parcela é conduzida por um processo de licitação isolado ou separado — ou seja, por item e não por preço global. Inclusive, a inviabilidade técnica ou econômica deve ser formalmente justificada, fundamentada em estudos específicos já que o fundamento empregado na lei de licitações foi o parcelamento como regra.

No entanto, alguns exemplos podem ser abordados na tentativa de ilustrar um pouco a complexidade quanto ao parcelamento pela Administração Pública, razão de suscitar discussões quanto à sua aplicação, especialmente em obras de engenharia e arquitetura.

Muitas vezes, a inviabilidade é verificada sob aspecto econômico, em decorrência da perda do conceito de escala em determinada compra. No entanto, se considerarmos o fornecimento em separado de insumos pela Administração Pública, objeto de aquisição em processo separado, especialmente para itens mais relevantes — como elevadores e equipamentos de condicionamento de ar para sistema central de refrigeração — pode representar vantagem quanto ao custo final dos itens, por isentar o pagamento de bonificação à empresa de construção civil responsável pela obra, simplesmente pela aquisição do equipamento.

No entanto, considerando a análise a partir do conceito das modalidades de contratação previstas na Lei 8.666/93, percebe-se que a obra de engenharia e arquitetura é compreendida como uma estrutura funcional que contempla um conjunto de etapas e partes que compõe o empreendimento como um todo, indivisível. Nesta situação, a condução de um processo para execução de uma quadra poliesportiva separada da execução da unidade escolar onde a quadra estará inserida pode gerar questionamento, especialmente se os custos dos processos de licitação forem calculados separadamente e não como um conjunto único.

Desta forma, a questão que se coloca quando do parcelamento das obras públicas é a interdependência das partes em relação ao todo. Imagina-se a execução de uma avenida com algumas pontes necessárias em seu trajeto.

A rigor, os órgãos de fiscalização e controle não identificam inviabilidade técnica de condução de licitações distintas, inclusive, sob a prerrogativa de diferentes especialidades das empresas interessadas — pavimentação e pontes. No entanto, ao analisarem a execução de obras de um aeroporto, percebe-se, ainda que dotado de diversos sistemas existentes, que devem ser executados como um conjunto indissociável, onde as obras e serviços nas diversas frentes de trabalho devem ser executados de forma sincronizada, sob pena de não obter-se o resultado final esperado, tanto em termos de valor, prazo, qualidade e delimitação das respectivas responsabilidades técnicas de cada um dos sistemas existentes.

## 78. Edital de Licitação de Obras Públicas

O edital de licitação de obras públicas é o instrumento a partir do qual a Administração Pública anuncia o processo de licitação com a expectativa de receber propostas que serão submetidas ao processo de licitação. A sua existência está apoiada no princípio constitucional da publicidade de todos os atos praticados pela Administração Pública, viabilizando, no caso de obras e serviços de engenharia e arquitetura, a participação do maior número de empresas interessadas. Desta forma propicia-se a ampliação do universo de proponentes, gerando competitividade entre as empresas resultando na melhor proposta para a Administração Pública.

O conteúdo do edital pode variar de uma entidade pública para outra em função de determinadas especificidades, mas é possível, de forma geral, identificar e sistematizar alguns desses elementos, previstos na Lei 8.666/93.

No início do edital deve constar o número do respectivo processo, o nome do órgão/setor da Administração Pública interessado, a modalidade de licitação, o regime de execução e o tipo da licitação. Deve-se ainda explicitar que o processo será regido pela referida legislação e, especialmente, o local, dia e horário para recebimento da documentação e proposta, local da realização da sessão pública e quando ocorrerá a sessão de abertura dos envelopes. Essas informações introdutórias garantem os princípios de publicidade e vinculação ao instrumento convocatório e o objetivo de procedimento formal.

Na sequência apresenta-se em um item específico as disposições preliminares, com o objeto da licitação, em descrição clara e sucinta, e os documentos que integram o edital e anexos, que podem ser: minuta de contrato; material técnico, correspondente ao memorial descritivo, planilha de serviços, quantidades e preços estimados; cronograma físico-financeiro, projetos básicos ou executivos e os modelos de documentos a serem apresentados na licitação. No caso deste último, podem estar especificados a carta credencial, declaração de enquadramento como microempresa ou empresa de pequeno porte, comprovante de realização de vistoria, declaração de situação regular perante o Ministério do Trabalho, declaração de atendimento às normas relativas a saúde e segurança no trabalho, folha proposta, planilha de serviços, quantidades e preços; cronograma físico-financeiro.

No item específico seguinte declara-se o objeto licitado, especificando as características gerais do serviço a ser executado, de tal forma que a empresa que vai participar da licitação tenha uma noção preliminar da magnitude da obra. No item seguinte, definem-se as condições de participação. Esse é um item que possui variações em função do tipo da obra. Esse item denomina as empresas que poderão participar e as empresas que estão impedidas de participar. De maneira geral, a participação está vinculada a documentação da empresa relativa às suas obrigações legais com o governo e seus empregados. O principal motivo para a não participação é a inidoneidade da empresa declarada pelo Poder Público.

Os demais itens versam sobre a vistoria técnica, especificando como será feita a vistoria pelo licitante; apresentação dos envelopes; documentação de habilitação (envelope 1), contendo todas as certidões necessárias para habilitar a empresa a executar o serviço, incluindo atestado de capacidade técnica por parte da empresa, o que significa ter engenheiros com experiência prévia em obras de mesma natureza; proposta de preços (envelope 2), que contém a folha proposta, com o preço global e o prazo de execução; a planilha de serviços, quantidades e preços; o período de validade da proposta. Em seguida há um item com informações relativas à sessão pública de abertura dos envelopes, contendo todas as disposições sobre a sessão pública. Finalmente especificam-se os procedimentos para a análise e julgamento dos documentos comprobatórios e da proposta; resultado final, homologação e adjudicação da proposta; esclarecimentos, impugnações e recursos; contratação da empresa; e disposições gerais. A partir daí, seguem-se os demais documentos.

## 79. Fases e Etapas do Processo de Licitação

Um processo de licitação pode ser dividido em cinco macro etapas ou conjuntos de atividades que devem ser realizados de forma sequencial: fase preliminar, fase interna, fase externa, fase contratual e fase posterior à contratação. Durante a condução dessas fases são realizadas uma série de atividades que abrangem desde a solicitação interna de compra de materiais ou serviços, elaboração do edital, publicação e coleta do edital para as empresas apresentarem as suas respectivas propostas, habilitação, julgamento das propostas, adjudicação, homologação e assinatura do contrato, incluindo a execução do trabalho. O Quadro 6.1 apresenta as fases e as principais atividades envolvidas para obras de engenharia e arquitetura.

**Quadro 6.1:** Fases da licitação conforme Lei 8.666/93

| Fase da licitação | Atividades envolvidas |
|---|---|
| 1. Preliminar | • Programa de necessidade que irá subsidiar o projeto<br>• Estudo de viabilidade (técnico-financeiro)<br>• Anteprojeto de engenharia e arquitetura |
| 2. Interna | • Desenvolvimento do projeto básico<br>• Desenvolvimento do projeto executivo<br>• Designação dos recursos orçamentários<br>• Elaboração do edital de licitação |
| 3. Externa | • Publicação do edital de licitação<br>• Nomeação da comissão de licitação<br>• Recebimento das propostas das empresas<br>• Procedimentos de adjudicação e homologação |
| 4. Contratual | • Assinatura do contrato<br>• Execução e fiscalização da obra<br>• Recebimento da obra |
| 5. Posterior | • Operação do empreendimento/edificação<br>• Manutenção do empreendimento/edificação |

O processo de licitação se inicia quando algum setor ou área da Administração Pública identifica a necessidade de compra de um produto ou serviço. Importante destacar que esta etapa preliminar é relevante, embora, muitas vezes pouco elaborada. Altounian (2010) afirma que não basta o desejo do setor ou área para realizar, por exemplo, a execução de uma obra pública. As fases subsequentes do processo de licitação dependem de estudos técnicos que permitam apontar a viabilidade do investimento em análise, considerando diversos aspectos, dentre eles o atendimento preciso aos anseios e necessidades da sociedade e a disponibilidade de recursos.

Com a comprovação da viabilidade do investimento e de posse da solicitação da compra em mãos, o setor de licitações procede a reserva de orçamento, especifica as características do produto ou serviço e redige os aspectos legais do edital. Uma vez finalizado o edital, a Administração fará a publicação do aviso de licitação que contém o resumo do produto ou serviço a ser comprado no respectivo Diário Oficial da Administração Pública (União, Estado ou Município), na internet ou em quadro de avisos, dependendo da modalidade da licitação.

A Lei 8.666/93 determina ainda prazos mínimos que devem ser respeitados entre a publicação do edital e o recebimento das propostas pelas empresas interessadas, apresentados na Tabela 6.1.

**Tabela 6.1:** Prazos mínimos de recebimento das propostas conforme Lei 8.666/93

| Modalidade da licitação | Prazo (dias) |
|---|---|
| 1. Convite | 5 dias úteis |
| 2. Leilão | 15 |
| 3. Tomada de preço | |
| 4. Tomada de preço (tipo "melhor técnica" ou "técnica e preço") | 30 |
| 5. Concorrência | |
| 6. Concorrência (tipo "melhor técnica" ou "técnica e preço") | 45 |
| 7. Concurso | |

Nesta fase, as empresas coletam o edital, montam a proposta e, caso julguem necessário, podem questionar ou solicitar informações sobre algum aspecto específico do edital. Durante a fase de habilitação, as empresas interessadas apresentam seus envelopes com a documentação exigida. Ao final, caso julguem necessário, as empresas poderão entrar com recurso. As empresas que foram habilitadas apresentam suas propostas comerciais (orçamento) na fase de julgamento das propostas. Ao final, caso queiram, elas também poderão entrar com recurso. Na fase de adjudicação, a comissão de licitação declara a empresa vencedora. Em seguida, a autoridade competente, hierarquicamente superior à comissão, "bate o martelo", ou seja, homologa o certame. Finalmente, inicia-se a fase contratual da licitação, por meio da assinatura do contrato e início da execução dos trabalhos ou fornecimento dos serviços.

É importante fazer um destaque relativo às fases de adjudicação e homologação.

Após o julgamento das propostas, ao licitante vencedor será adjudicado o objeto licitado — onde adjudicar possui o significado de conceder, atribuir, entregar, submeter ou conferir. Após a fase de julgamento, adjudicação e decorridos todos os prazos de recurso, a autoridade competente ratificará todos os atos anteriores confirmando sua validade perante a lei, o que configura a homologação. Portanto, após a comissão de licitação realizar o julgamento das propostas e adjudicar o objeto da licitação à empresa licitante vencedora, a autoridade superior, no uso de suas atribuições legais, homologará a licitação confirmando todos os atos praticados no procedimento licitatório.

A adjudicação não se confunde com a contratação. A adjudicação indica o licitante vencedor e a conveniência da homologação. Se compete à comissão de licitação o julgamento e a classificação das propostas de acordo com os critérios de avaliação constantes do edital, a adjudicação não vincula a pessoa administrativa ao licitante vencedor, por ser um ato meramente declaratório. A adjudicação sem a homologação não produz efeitos jurídicos fora do processo de licitação. Só a homologação os produz.

A homologação do processo de licitação representa a aceitação da proposta, consiste na formulação da vontade concordante e envolve adesão integral à proposta recebida. A homologação vincula tanto a Administração Pública quanto a empresa licitante, com vistas ao aperfeiçoamento do contrato. Faz-se necessário destacar que, embora a Lei 8.666/93 adote como regra para a execução de obras públicas a realização de um processo específico, que assegure a competição e igualdade entre os concorrentes, há casos excepcionais nos quais a contratação direta pode ser realizada pela Administração Pública. A legislação prevê três situações em que é viável e legal a contratação direta: licitação dispensada, licitação dispensável e inexigibilidade de licitação.

A licitação dispensada ocorre fundamentalmente em casos de alienação de bens móveis da Administração quando para fins de interesse social, procedida de avaliação socioeconômica. A licitação dispensável advém do fato de, embora passível de realização de um processo de licitação, o pequeno valor da contratação de obras ou serviços de engenharia e arquitetura acarretaria um custo elevado à Administração, perdendo-se assim a desejável eficiência buscada. No entanto, a Lei 8.666/93, em seu art. 24, elenca 35 situações nas quais a licitação é dispensável, indo além da simples análise quanto ao valor estimado da obra ou serviços. Já a inexigibilidade de licitação decorre da inviabilidade ou ausência de competição entre empresas, especialmente em relação à especificidade do objeto licitado, cujo fornecedor/fabricante seja único ou exista uma natureza singular do produto final entregue.

Percebe-se que o legislador apresentou, dada as restrições e exigências advindas da formalidade imposta pela Lei 8.666/93, instrumentos e alternativas legais à Administração Pública para que, sob determinadas circunstâncias, pudesse proceder a contratação direta de serviços e obras de engenharia e arquitetura, atendendo ao interesse público e segurança de pessoas e patrimônio. No entanto, dois problemas recorrentes são encontrados nas contratações diretas: a ausência de justificativa técnica e preço excessivamente elevado em relação aos parâmetros do mercado e processos de licitação análogos (ALTOUNIAN, 2010). Vale lembrar que a mesma legislação, prevendo possíveis disfunções nas contratações diretas, estabeleceu artigo específico em que prevê detenção e multa aos agentes públicos que as procedem fora das hipóteses previstas em lei ou deixem de observar as formalidades necessárias para licitação dispensada, licitação dispensável e inexigibilidade de licitação.

## 80. Minuta de Contrato

A minuta de contrato é um dos anexos do edital de licitação. Apesar de ser matéria definida por profissionais da área de direito, é importante que o engenheiro e o arquiteto tenham noção dos elementos constantes, pois os contratos de engenharia e arquitetura adquirem peculiaridades próprias no contexto das obras públicas.

Como regra geral, o contrato estabelece uma obrigação de um resultado final, no qual a empresa contratada compromete-se em entregar determinado produto conforme critérios estabelecidos pela Administração Pública contratante — portanto, o escopo do projeto. Sendo assim, os contratos de obras de engenharia e arquitetura apresentam um prazo determinado de vigência, dentro do qual o prazo de execução e entrega do objeto licitado (neste caso, uma edificação, uma obra de arte ou infraestrutura urbana) deve estar contemplado, e uma vez ultrapassado o prazo de vigência, o contrato é considerado extinto e, portanto, não passível de prorrogação. Essa peculiaridade relaciona-se diretamente com os atrasos observados nas entregas de obras de engenharia e arquitetura, por exemplo.

As disposições gerais da minuta de contrato apresentam o objeto de licitação, as condições de recebimento que especifica como serão feitas as medições de integralização dos serviços e os critérios de aceitação e responsabilidade pelo serviço entregue, referentes a prazos, custos e qualidade e conformidade com o projeto, para a realização dos pagamentos. Na cláusula seguinte podem ser especificados os prazos de execução da obra e a vigência contratual que se iniciam, efetivamente, a partir do momento em que o contrato é assinado. Nesta cláusula especifica-se, por exemplo, as condições de reprogramação dos serviços, caso seja necessário, os critérios de aceitação de justificativas por atraso e eventual suspensão de execução. Na ocorrência deste último caso, pode ser necessário que haja um aditamento contratual.

Pode haver uma cláusula específica sobre o valor, atualização de preços e pagamentos. Por exemplo, em função da modificação do preço de insumos pode ser feita uma atualização de preços a cada 12 meses, de acordo com o Índice Nacional da Construção Civil (INCC). Estipula-se também a periodicidade das medições de serviços e o prazo decorrido entre a medição e o pagamento do serviço realizado. É importante, neste caso, assegurar que a empresa comprove o repasse aos funcionários por meio de apresentação de comprovantes de recolhimento ao Instituto Nacional do Seguro Social (INSS), do Fundo de Garantia por Tempo de Serviço (FGTS) e respectiva folha de pagamento. Além desse aspecto, a construtora deve entregar o registro de responsabilidade técnica.

Uma cláusula específica aborda as obrigações e responsabilidades da contratada, no que diz respeito a execução de serviços, despesas de materiais e mão de obra, inadimplência, legislação vigente, condições de segurança do trabalho, limpeza da obra, remoção de entulhos e, dentre outras questões, atender às verificações solicitações do contratante. É importante especificar nesta cláusula a existência do Diário de Obra, de ambas as partes, o registro dos funcionários, condições de alojamento, placas de sinalização e critérios para subcontratação de serviços. Outra questão é a responsabilidade legal pela obra por parte da contratada, após a entrega. Nos termos do Código Civil Brasileiro, no art. 618, a empresa é responsável por cinco anos, pela solidez e segurança da obra, em razão dos materiais, bem como do solo. Também devem ser especificadas as obrigações do contratante, no cumprimento dos pagamentos, emissão de ordens de início de serviço, medições periódicas, fatura e emissão de Termos de Recebimento Provisório e Definitivo.

Outras cláusulas importantes dizem respeito a pessoal da empresa contratada, fiscalização e supervisão, penalidades aplicáveis pelo descumprimento de alguma cláusula do contrato, como multas, suspensão de serviços, garantia contratual no ato da assinatura do contrato para ressarcir o contratante em caso de abandono da obra, responsabilidade técnica e das comunicações recíprocas, no sentido de definir tanto da parte do contratado quanto do contratante quem responde pela obra, situações previstas de rescisão contratual e do foro para dirimir questões relativas ao contrato e que não possam ser resolvidas pelas vias administrativas.

## 81. Memorial Descritivo

O memorial descritivo é um documento essencial para operacionalizar as disposições constantes tanto no edital quanto na minuta contratual. É no memorial descritivo que os elementos da edificação, dos componentes construtivos e dos materiais de construção são consignados para execução. Os elementos que compõem um memorial descritivo estão relacionados com a natureza da obra, o que dificulta a sua abordagem em termos específicos, mas alguns elementos gerais podem ser compreendidos de forma sistêmica.

Por conceito, entende-se que o memorial descritivo contempla a descrição detalhada do objeto projetado e suas especificações técnicas em formato de texto, no qual são apresentadas as soluções técnicas adotadas nos projetos de engenharia e arquitetura, acompanhadas das respetivas informações necessárias para a correta execução do objeto, complementando todas as informações e tomadas de decisão contidas em projeto.

As disposições gerais do memorial descritivo referem-se ao objetivo a ser executado, ao escopo da licitação, execução, maquinário necessário e encargos e leis sociais. Especifica os itens a serem orçados de tal forma que eles possam ser comparados com o cronograma físico-financeiro da obra. Em seguida, faz-se a referência aos requisitos que devem ser considerados no projeto (plantas e detalhamentos), quem será o responsável por fornecer os projetos, como os serviços devem ser executados, os profissionais habilitados, as obrigações da empreiteira relativa a materiais, mão de obra, preceitos da Norma Regulamentadora (como por exemplo, a NR 18 – Condições e meio ambiente do trabalho na indústria de construção e a NR 24 – Condições sanitárias e de conforto nos locais de trabalho), acessos ao canteiro de obra, áreas de trabalho, prazo máximo para comunicação de acidentes de trabalho, responsabilidade pela guarda de materiais e equipamentos e recolhimento de ART (anotação de responsabilidade técnica) e/ou RRT (registro de responsabilidade técnica) referente a todos os serviços.

Elabora-se um item específico ao canteiro de obras e instalações provisórias diversas que denomine as condições de manutenção, higiene e segurança do canteiro de obra, placa de identificação da obra, política de prevenção de acidentes e equipamentos de segurança, incluindo o plano de gerenciamento de resíduos da construção civil

(PGRCC). Os critérios e responsabilidades relacionados com o trânsito e a segurança no canteiro, bem como a mobilização de máquinas, equipamentos e ferramentas devem ser especificados.

Elabora-se também a descrição de serviços. Em outras palavras, isso significa informar como deve ser o processo de execução de cada uma das etapas da obra. Nesse item indicam-se as necessidades de mão de obra especializada, como no caso, por exemplo, de colocação de divisória de placas de gesso acartonado. Normalmente, neste caso, subcontrata-se uma empresa especializada que forneça tanto o componente quanto a instalação. Pode-se especificar a resistência ou desempenho mínimo de cada material que será utilizado durante a execução, como, por exemplo, a especificação do *fck* do concreto, espessura do revestimento, traço da argamassa ou demãos de determinada tinta.

Após o detalhamento dos serviços, apresenta-se uma planilha de serviços, quantidades e preços estimados dos serviços a serem realizados. A tabela pode conter as seguintes colunas: item, descrição de serviços, referência utilizada para os valores, unidade, quantidade, preço unitário, preço total. Na sequência, apresenta-se o cronograma físico-financeiro por meio de uma tabela que pode ter as seguintes colunas: etapas, valor, porcentagem do serviço executado, período de execução da obra (em dias). Neste último indica-se a porcentagem de conclusão dos serviços previstos para cada período. Finalizando o memorial descritivo, são apresentados os projetos arquitetônicos básicos. É usual também o licitante colocar um anexo padronizando a apresentação dos documentos a constarem na proposta, para facilitar a conferência durante a sessão de abertura de envelopes.

## 82. Atuação do TCU em Obras Públicas

O Tribunal de Contas da União (TCU) é o órgão de controle externo do Governo Federal e, dentre suas várias competências previstas na Constituição Federal, auxilia o Congresso Nacional nas atribuições relacionadas com o acompanhamento da execução orçamentária do Brasil.

No âmbito das obras e serviços de engenharia e arquitetura, o TCU realiza, há mais de 20 anos, fiscalização sistemática, denominada Fiscobras. Este documento é submetido ao Congresso Nacional com a relação dos empreendimentos que apresentam indícios de irregularidades graves, produzindo um diagnóstico das obras públicas. A classificação IGP é a indicação de obra com indício de irregularidade grave com recomendação de paralisação.

Embora as obras públicas sejam importantes vetores de desenvolvimento, quer pela criação de empregos diretos e indiretos, quer pela importância social de determinado empreendimento ou edificação à população, não raras são as constatações de irregularidades. Altounian (2010) destaca a criação da Comissão Temporária do Senado Federal, como marco importante da maior atenção ao emprego de recursos na execução de obras pública, cujo objetivo foi inventariar obras inacabadas no país. Verificou-se a existência de mais de duas mil obras não concluídas, realizadas por meio de recursos públicos que chegavam ao montante de R$15 milhões. O ano era 1995.

As obras públicas fiscalizadas são selecionadas pelo TCU a partir de critérios estabelecidos na Lei de Diretrizes Orçamentárias do respectivo ano de exercício e consideram:

- Relevância dos gastos.
- Projetos de grande vulto.
- Regionalização do gasto.
- Histórico de irregularidades pendentes e/ou reincidência de irregularidades.
- Obras contidas no quadro de bloqueio orçamentário a ser executado no ano de exercício seguinte.

Em 2008, por exemplo, uma em cada três obras fiscalizadas apresentavam indícios de irregularidades graves. Ainda em 2008, dos 153 projetos de infraestrutura em andamento, 48 apresentaram problemas. Esses projetos somavam, à época, R$26 bilhões. Parte dessas obras tiveram os recursos bloqueados no orçamento anual. Aquelas que cumpriram as determinações do TCU, referentes a revisão de preços e rescisão de contratos, foram liberadas. As principais razões que levam o TCU a propor a paralisação das obras são sobrepreço, superfaturamento e irregularidades nas licitações. Isso ocorre devido à deficiência ou inexistência dos projetos básicos desenvolvidos ou contratados pelos órgãos do governo. As fiscalizações feitas em 2008 evitaram prejuízos potenciais da ordem R$2 bilhões aos cofres da União, o dobro do valor apurado em 2007.

Importante destacar que o TCU não tem competência para paralisar determinada obra. Sua atuação pauta-se na fiscalização e prestação de informações ao Congresso Nacional sobre as fiscalizações realizadas.

Em 2009 o TCU conduziu mais de 200 fiscalizações de obras públicas, que somavam R$30 bilhões de investimento. As auditorias impactaram o cronograma da Ferrovia Norte-Sul, pois houve a paralisação de três trechos. A auditoria detectou irregularidades e recomendou retenção de 10% do orçamento previsto para a construção. Alguns pontos foram acolhidos, como a substituição de insumos usados na obra. Em outros casos, a Valec Engenharia, Construções e Ferrovias S.A, estatal responsável pela condução das obras, e as empresas executantes apresentaram defesa quanto a acusação de sobrepreço. As fiscalizações na ferrovia Norte-Sul apontam para um ganho potencial de R$300 milhões. Quando não há acordo, a solução é a rescisão de contratos com as empresas executantes. Mas isso pode dar origem a uma série de outros problemas, como disputas judiciais, sem prazo para decisão conclusiva. É o que tem ocorrido, por exemplo, no Aeroporto de Guarulhos, cujo contrato para revitalização, recuperação e ampliação dos sistemas de pistas e pátios foi rescindido em junho de 2009. Os envolvidos contestam a decisão na Justiça.

O Fiscobras de 2016 apontou irregularidades em 77 obras auditadas, de um total de 126, ou seja, mais de 60% das obras auditadas em condução no ano de 2015 apresentaram algum tipo de problema. Destas 77 obras, 10 foram classificadas como IGP. As dotações orçamentárias das obras somavam R$34,7 bilhões.

Uma análise quanto aos números gerais das obras públicas do país mostra a grandiosidade da Administração Pública como grande contratante, assim como os desafios existentes àqueles que atuam no acompanhamento e fiscalização das obras públicas. Em 2017 foram realizadas 136.184 contratações por meio de licitações, totalizando R$63,53 bilhões. A média entre os anos de 2014 e 2016 foi de R$79,40 bilhões contratados ao ano referente à média de 163.462 processos de licitação realizados.[2]

[2] Dados do Portal da Transparência. Disponível em: <http://www.portaltransparencia.gov.br/licitacoes/consulta?ordenarPor=dataReferencia&direcao=desc>. Acesso em: 22 de outubro de 2018.

## 83. Caso: Problemas pan-olímpicos

O desabamento de parte da ciclovia Tim Maia, ocorrido no Rio de Janeiro, chama a atenção para um fato: o engenheiro responsável pela obra foi substituído pela empreiteira contratada, por meio de um aditivo contratual publicado em 13 de novembro de 2015, no Diário Oficial do Rio de Janeiro. A lei que rege o aditivo permite a substituição "por profissionais com experiência equivalente ou superior, desde que aprovada pela administração".

A reforma do antigo Engenhão, para ser o Estádio Olímpico, hoje denominado Estádio Nilton Santos, foi finalizada em 2007 para os Jogos Panamericanos desse mesmo ano. O estádio ficou fechado por 23 meses, entre 2013 e 2015, por problemas estruturais na cobertura. Para a reforma para as Olimpíadas, o estádio foi orçado em R$60 milhões, mas seu custo final atingiu R$380 milhões. Em 2013, a prefeitura informou que a cobertura teria que ser reforçada estruturalmente, em função de um erro de projeto que poderia causar o seu desabamento. Os custos foram assimilados pelos consórcios responsáveis pela execução da obra. A Vila do Pan, constituída por um condomínio de 17 prédios, com 1.480 apartamentos, apresentou recalque do solo antes do início das competições, em 2007. Em função do terreno arenoso, surgiram grandes crateras que comprometeram a fundação.

Outra obra Olímpica é o corredor de ônibus BRT Transoeste, que foi inaugurado em 2012, com 52 km de extensão. Em função do grande volume de tráfego, surgiram ondulações, buracos e problemas nas faixas divisórias entre o corredor de ônibus e a faixa de rolagem. De acordo com laudo técnico, o material utilizado para a pavimentação era de desempenho inferior ao necessário para o volume de tráfego.

## 84. Requisitos Mínimos para Publicar o Edital

A publicidade do edital segue regras bem definidas. Nenhum edital poderá ser publicado em jornais de grande circulação e no Diário Oficial sem um prévio parecer jurídico da administração. O requisito seguinte para a licitação ocorrer é que haja um projeto básico aprovado pela autoridade competente e disponível para exame dos interessados em participar do processo licitatório.

O projeto básico é elemento fundamental do processo de licitação de obras de engenharia e arquitetura, sendo objeto de diversas publicações sobre o tema. Sua importância é percebida, inclusive, pela tentativa meticulosa em sua caracterização em legislação — a Lei 8.666/93, art. 6º inciso XI define o projeto básico como um "(...) conjunto de elementos necessários e suficientes, com nível de precisão adequado, para caracterizar a obra ou serviço, ou complexo de obras ou serviços objeto da licitação, elaborado com base nas indicações dos estudos técnicos preliminares, que assegurem a viabilidade técnica e o adequado tratamento do impacto ambiental do empreendimento, e que possibilite a avaliação do custo da obra e a definição dos métodos e do prazo de execução".

É importante destacar que, caso uma empresa seja contratada para fazer o projeto básico, ela fica impedida de participar da licitação para execução da obra, conforme estabelecido pelo art. 9° da Lei 8.666/93:

> não poderá participar, direta ou indiretamente, da licitação ou da execução de obra ou serviço e do fornecimento de bens a eles necessários: o autor do projeto, básico ou executivo, pessoa física ou jurídica; empresa, isoladamente ou em consórcio, responsável pela elaboração do projeto básico ou executivo ou da qual o autor do projeto seja dirigente, gerente, acionista ou detentor de mais de 5% (cinco por cento) do capital com direito a voto ou controlador, responsável técnico ou subcontratado; servidor ou dirigente de órgão ou entidade contratante ou responsável pela licitação.

A vedação foi revisada pela promulgação da Lei 12.462/2011, que instituiu o Regime Diferenciado de Contratações Públicas (RDC).

Além do projeto básico, há o projeto executivo que não é obrigatório para o início do processo licitatório. O projeto executivo é definido pela Lei 8.666/93 como "o conjunto dos elementos necessários e suficientes à execução completa da obra, de acordo com as normas pertinentes da Associação Brasileira de Normas Técnicas (ABNT)".

Para o projeto executivo deve haver orçamento detalhado em planilhas que expressem a composição de todos os seus custos unitários e previsão de recursos orçamentários que assegurem o pagamento das obrigações decorrentes de obras ou serviços a serem executadas no exercício financeiro em curso, de acordo com o respectivo cronograma.

## 85. Projeto Básico e Projeto Executivo Não São Acessórios

Em muitos casos, o projeto básico é feito internamente por um setor competente da Administração Pública e o projeto executivo, dependendo de sua complexidade, é licitado, ficando a cargo de uma empresa de projetos. Caso o órgão público não tenha capacidade para fazer o projeto básico, ele também pode abrir uma licitação para elaborá-lo. No projeto básico deve haver todos os requisitos de utilização da obra; no projeto executivo deve haver uma clara especificação de como a obra deve ser executada; ou seja, o projeto final para execução.

É importante destacar que o servidor ou dirigente da instituição pública não pode participar do processo de licitação. Caso haja a identificação de nepotismo no edital em função de parentesco com servidor público, o processo é impugnado. O Decreto 7.203/2010, no art. 7º expressa que "os editais de licitação para a contratação de empresa prestadora de serviço terceirizado, assim como os convênios e instrumentos equivalentes para contratação de entidade que desenvolva projeto no âmbito de órgão ou entidade da Administração Pública federal, deverão estabelecer vedação de que familiar de agente público preste serviços no órgão ou entidade em que este exerça cargo em comissão ou função de confiança".

No caso da ciclovia Tim Maia que caiu no Rio de Janeiro, em 21 de abril de 2016, houve um impasse entre construtora, que afirmou ter seguido o projeto básico, e a prefeitura que disse que a construtora não seguiu o projeto executivo. A prefeitura do Rio de Janeiro foi a responsável pelo desenvolvimento do projeto básico, explicitando apenas tratar-se do projeto de uma ciclovia. O projeto básico não previu, por exemplo, a amarração da estrutura, necessária em decorrência do impacto das ondas. O que se seguiu após o desabamento de um trecho da ciclovia foi um contencioso entre a prefeitura e a construtora. Em uma primeira análise transversal, a licitação conduzida pela prefeitura do Rio de Janeiro não observou questões básicas previstas na legislação. A ciclovia foi estimada pela prefeitura em R$47 milhões, enquanto o valor real não ultrapassava R$9 milhões. Além desse fato, há a suspeita de nepotismo relacionada com a execução da obra, pois o proprietário da construtora vencedora da licitação possui parentesco com o secretário municipal de Turismo (BERTA, 2016).

## 86. Motivos para Interromper o Processo de Licitação

Há vários motivos para a impugnação do processo licitatório. O preço muito inferior ao orçado pela Administração Pública pode indicar falta de regularidade ou competência técnica. Tanto a regularidade quanto os trâmites burocráticos possuem custos, muitas vezes, elevados. A Lei 8666/93, no art. 48, prevê as seguintes situações para desclassificar as empresas:

> I - as propostas que não atendam às exigências do ato convocatório da licitação;
>
> II - propostas com valor global superior ao limite estabelecido ou com preços manifestamente inexequíveis, assim considerados aqueles que não venham a ter demonstrada sua viabilidade através de documentação que comprove que os custos dos insumos são coerentes com os de mercado e que os coeficientes de produtividade são compatíveis com a execução do objeto do contrato, condições estas necessariamente especificadas no ato convocatório da licitação.
>
> § 1° Para os efeitos do disposto no inciso II deste artigo consideram-se manifestamente inexequíveis, no caso de licitações de menor preço para obras e serviços de engenharia, as propostas cujos valores sejam inferiores a 70% (setenta por cento) do menor dos seguintes valores:
>
> a) média aritmética dos valores das propostas superiores a 50% (cinquenta por cento) do valor orçado pela administração, ou
>
> b) valor orçado pela administração.

Há também as situações de revogar ou anular a licitação. Revogar é ato não obrigatório da Administração que pode decidir se uma licitação já não atende aos interesses da mesma, desde que devidamente comprovado. Anular é ato obrigatório da Administração quando toma ciência de falha, vício ou qualquer ilegalidade no edital ou nos atos da comissão de licitação.

Conforme estabelecido pela Lei 8.666/93, art. 49,

> a autoridade competente para a aprovação do procedimento somente poderá revogar a licitação por razões de interesse público decorrente de fato superveniente devidamente comprovado, pertinente e suficiente para justificar tal conduta, devendo anulá-la por ilegalidade, de ofício ou por provocação de terceiros, mediante parecer escrito e devidamente fundamentado.

Após a homologação, o fornecedor decide, por exemplo, fazer uma doação do produto ou serviço para o licitante. Neste caso, mediante a justificativa do licitante em acordo com o fornecedor, a licitação pode ser revogada.

A anulação ocorre se houver alguma irregularidade constatada pelo Ministério Público ou órgão competente.

A contestação antes da abertura dos envelopes pode ocorrer no caso de o edital solicitar que a empresa tenha feito uma obra de natureza similar, mas a empresa não possui de natureza similar.

Um recurso pode ser interposto pela empresa, quando ocorre, por exemplo, a falta de um documento da empresa e ela discorda disso.

O importante é que qualquer cidadão brasileiro pode impugnar um edital, caso perceba qualquer disfunção. E no caso de impugnação, o processo deve começar do zero novamente.

## 87. O Jogo de Planilha em Licitações

Há especificidades nos serviços e obras de engenharia e arquitetura prestados à Administração Pública. As técnicas de administração de produção na construção civil são também fundamentais nas análises e auditorias realizadas por engenheiros e arquitetos em obras públicas.

Dentre as irregularidades auditadas nos processos de licitação está o "jogo de planilha". Trata-se de umas das irregularidades mais praticadas por empresas inidôneas, especialmente nos contratos de empreitada por preço global.

O prejuízo decorrente do jogo de planilha faz-se presente, por exemplo, nas alterações de quantitativos e inclusões ou exclusões de serviço, invariavelmente advindos de um escopo do projeto (*scope statement*) incompleto.

A dificuldade na identificação desta prática explica-se pela possibilidade de ocorrência mesmo quando o valor global da obra apresentado pela empresa construtora vencedora do processo de licitação é inferior ao orçamento de referência da Administração Pública, considerando ainda apenas as propostas exequíveis.

A Tabela 6.2 apresenta uma situação hipotética, porém bastante comum, em que há revisão de quantitativo de serviços orçados, sendo necessário efetuar um aditivo contratual contemplando, por exemplo, aumento de área de determinado tipo de pavimentação ou forro (unidade $m^2$) e supressão de cabeamento elétrico, decorrente de alteração de leiaute de ambiente inicialmente previsto em projeto arquitetônico (unidade m).

**Tabela 6.2:** Exemplo de jogo de planilha: sobrepreço produzido por meio de alteração no escopo do projeto

| | Situação original | | | | | Situação após aditivo | | |
|---|---|---|---|---|---|---|---|---|
| | | Contratado | | Orçado | | | Contratado | Orçado |
| Item | Quant. orçada | Preço unit. | Total | Preço unit. | Total | Quant. final | Total | Total |
| 1 | 120 | R$ 50,00 | R$ 6.000,00 | R$ 20,00 | R$ 2.400,00 | 240 | R$ 12.000,00 | R$ 4.800,00 |
| 2 | 130 | R$ 90,00 | R$ 17.700,00 | R$ 80,00 | R$ 10.400,00 | 150 | R$ 13.500,00 | R$ 12.000,00 |
| 3 | 200 | R$ 25,00 | R$ 5.000,00 | R$ 30,00 | R$ 6.000,00 | 240 | R$ 6.000,00 | R$ 7.200,00 |
| 4 | 320 | R$ 15,00 | R$ 4.800,00 | R$ 10,00 | R$ 3.200,00 | 320 | R$ 4.800,00 | R$ 3.200,00 |
| 5 | 280 | R$ 10,00 | R$ 2.800,00 | R$ 40,00 | R$ 11.200,00 | 80 | R$ 800,00 | R$ 3.200,00 |
| 6 | 100 | R$ 20,00 | R$ 2.000,00 | R$ 25,00 | R$ 2.500,00 | 100 | R$ 2.000,00 | R$ 2.500,00 |
| Total | | | R$ 32.000,00 | | R$ 35.700,00 | | R$ 39.100,00 | R$ 32.900,00 |
| **Desconto original** | | | | | **9,52%** | **Sobrepeso após aditivo** | | **18,84%** |

*Fonte:* Baeta (2012).

Percebe-se que os serviços identificados como item 1 e 2, cujos preços unitários apresentados pela empresa construtora vencedora estavam acima dos preços cotados e orçados pela Administração Pública, foram elevados após revisão do escopo do projeto durante execução da obra. A mesma revisão do escopo acarretou a supressão de serviço, identificado como item 5. No entanto, o valor apresentado pela empresa para o serviço continha um grande percentual de desconto. Desta forma, do percentual de desconto original obtido pela Administração de 9,52% em relação ao orçamento original, foi produzido um sobrepreço de 18,84% após aditivo celebrado.

A Tabela 6.3 apresenta situação complementar em que todos os preços unitários apresentados pela empresa construtora vencedora do processo de licitação estavam abaixo do valor orçado pela Administração Pública, totalizando um desconto de 41,71% em favor da Administração, obtido por meio da disputa dos participantes da licitação. No entanto, em decorrência de uma revisão do escopo do projeto, houve uma supressão de serviços necessários para execução, identificados como item 11 e item 12. Em um primeiro momento, pode-se inferir ganho para a Administração Pública, já que o custo final da obra será reduzido. No entanto, ao analisarmos atentamente as planilhas orçamentárias percebe-se que o desconto final obtido após aditivo será de 24,14%. Ainda que não esteja claro o superfaturamento, já que os preços unitários seguem inferiores ao valor orçado pela Administração, percebe-se o jogo de planilha em favor da empresa contratada.

**Tabela 6.3 :** Exemplo de jogo de planilha: desconto reduzido por meio de alteração no escopo do projeto

| | Situação original | | | | | Situação após aditivo | | |
|---|---|---|---|---|---|---|---|---|
| | | Contratado | | Orçado | | | Contratado | Orçado |
| Item | Quant. orçada | Preço unit. | Total | Preço unit. | Total | Quant. final | Total | Total |
| 7 | 20 | R$ 90,00 | R$ 1.800,00 | R$ 100,00 | R$ 2.000,00 | 20 | R$ 1.800,00 | R$ 2.000,00 |
| 8 | 30 | R$ 80,00 | R$ 2.400,00 | R$ 90,00 | R$ 2.700,00 | 30 | R$ 2.400,00 | R$ 2.700,00 |
| 9 | 40 | R$ 70,00 | R$ 2.800,00 | R$ 90,00 | R$ 3.600,00 | 40 | R$ 2.800,00 | R$ 3.600,00 |
| 10 | 50 | R$ 60,00 | R$ 3.000,00 | R$ 80,00 | R$ 4.000,00 | 50 | R$ 3.000,00 | R$ 4.000,00 |
| 11 | 90 | R$ 50,00 | R$ 4.500,00 | R$ 110,00 | R$ 9.900,00 | 20 | R$ 1.00,00 | R$ 2.200,00 |
| 12 | 100 | R$ 40,00 | R$ 4.000,00 | R$ 90,00 | R$ 9.000,00 | – | – | – |
| Total | | | R$ 18.500,00 | | R$ 31.200,00 | | R$ 11.000,00 | R$ 14.500,00 |
| **Desconto original** | | | | | **40,71%** | **Sobrepeso após aditivo** | | **24,14%** |

*Fonte:* Baeta (2012).

Importante destacar que o desconto é definido como a diferença percentual entre o orçamento contratado e o orçamento desenvolvido pela Administração Pública, a partir de cotação de preços no mercado. É obtido por meio da seguinte equação simples:

$$\text{Desconto (\%)} = (\text{Total}_{\text{orçamento estimado}} - \text{Total}_{\text{orçamento contratado}})/\text{Total}_{\text{orçamento estimado}}$$

A ocorrência do jogo de planilha em obras públicas pode ter causa em: obra licitada a partir de projeto básico deficiente ou projeto executivo com falhas; revisão do escopo do projeto durante execução das obras; prorrogações indevidas do prazo de execução das obras; não observação dos serviços materialmente mais relevantes.

Sendo assim, as técnicas discutidas ao longo da disciplina, desde a definição do escopo do produto e do escopo do projeto, passando pela EAP, a montagem de redes e programação das atividades com auxílio do gráfico PERT-CPM, até as etapas de desenvolvimento dos projetos (preliminar, básico, executivo), orçamento, cronograma físico-financeiro e a análise por meio da curva ABC são ferramentas fundamentais para a correta e eficiente administração da produção na construção civil.

## 88. Contratos de Execução

Uma vez finalizado o processo licitatório, o vencedor assina o contrato. Neste contrato deve constar o objeto da contratação, regime de execução ou forma de fornecimento, preço e condições de pagamento, periodicidade de reajuste, prazo de execução, crédito orçamentário, garantia, direitos e responsabilidades, penalidades, casos de rescisão, vinculação ao edital ou ato que dispensou. À critério da Administração poderá ser exigido garantia contratual por meio das modalidades: dinheiro, seguro-garantia ou fiança bancária. É vedado contrato com prazo de vigência indeterminado. A duração dos contratos fica adstrita à vigência dos respectivos créditos orçamentários, exceto quando se tratar de serviço de caráter contínuo.

A dinâmica e complexidade de obras de arte especiais e edificações muitas vezes acarreta na necessidade de execução de serviços inicialmente não previstos na etapa de projeto. Não diferente, as obras públicas também são passíveis de revisão, dentro de limites e parâmetros aceitáveis, previstos em legislação. Desta forma, o contratado fica obrigado a aceitar acréscimo ou diminuição quantitativa do seu objeto em até 25%. No caso de reforma, até 50% para acréscimos. A publicação resumida é condição indispensável para sua eficácia e deverá ser providenciada pela administração até o quinto dia útil do mês seguinte da sua assinatura para que ocorra até 20 dias daquela data.

Importante destacar que a figura dos aditivos previstos na Lei 8.666/93 não deve ser entendida como correção de projetos deficientes ou incipientes. Os aditivos contratuais, independente do percentual, são legítimos apenas nas situações imprevisíveis, ou previsíveis de consequências incalculáveis — ou seja, quando de eventos que, pela natureza oculta, não se anteviam previamente à contratação da obra, quando do desenvolvimento dos projetos (CAMPELO & CAVALCENTE, 2013). A utilização de aditivos para a adição ou supressão de itens como prática comum após a contratação, prejudica o processo de licitação em si. Outra empresa poderia ser vencedora, com preço e desconto superiores aos verificados inicialmente (MELLO, 2007).

Os motivos para rescisão do contrato são os seguintes:

- O não cumprimento ou cumprimento irregular de cláusulas contratuais.
- A lentidão do seu cumprimento, bem como o atraso injustificado no início da obra, serviço ou fornecimento.
- A paralisação da execução, a subcontratação, a fusão, cisão ou incorporação do contratado, a decretação de falência ou a instauração de insolvência civil.
- A suspensão de sua execução, por ordem escrita da Administração, por prazo superior a 120 dias, salvo em caso de calamidade pública, grave perturbação da ordem interna ou guerra.
- O atraso superior a 90 dias dos pagamentos devidos pela Administração decorrentes de obras, serviços ou fornecimento, ou parcelas destes.
- A não liberação, por parte da Administração, de área, local ou objeto para execução de obra, serviço ou fornecimento, nos prazos contratuais.
- A ocorrência de caso fortuito ou de força maior, regularmente comprovada, impeditiva da execução do contrato.

As penalidades e sanções previstas em contratos podem dizer respeito a:

- Advertência.
- Multa — no caso da Universidade de São Paulo (USP), por exemplo, conforme Portaria GR 3.161/99, as multas aplicáveis são:
  - 0,1% ao dia para compras e serviços comuns.
  - 0,2% ao dia para obras de engenharia até 30 dias de atraso.
  - 0,4% ao dia para obras de engenharia acima de 30 dias.
  - Multa em dobro no caso de reincidência.
  - 20% por inexecução total ou parcial.

- Suspensão temporária de participação em licitação e impedimento em contratar com a Administração, por prazo não superior a 2 anos.
- Declaração de idoneidade para licitar ou contratar.

## 89. Crimes e Penas Previstas na Lei 8.666/93

Cometer crime ou fraudar um processo licitatório não é simples, é necessário a conivência de diversos servidores e diversas instâncias envolvidas. Apesar disso, a prática tem sido verificada no Brasil, em diferentes instâncias da Administração Pública, conforme sistematicamente noticiado pela imprensa. Os casos envolvem fraudes em licitações em obras de infraestrutura, com a participação de servidores públicos e empresas de construção civil privadas.

Como forma de combater a prática ilegal, a Lei 8.666/93 estabeleceu uma seção específica em que tipifica os crimes e as penas impostas àqueles que, por algum motivo, não atenderem as disposições previstas na legislação. Os principais casos de aplicação de crimes e penas estão assim previstos:

> Art. 89. Dispensar ou inexigir licitação fora das hipóteses previstas em lei, ou deixar de observar as formalidades pertinentes à dispensa ou à inexigibilidade. Pena - detenção, de 3 (três) a 5 (cinco) anos, e multa.

A situação em que é possível dispensar a licitação é quando há um projeto básico e o valor da obra não ultrapassa o valor de R$33 mil. Um aspecto importante que o TCU observa nas auditorias é o fracionamento de licitação. Como até R$33 mil pode-se dispensar a licitação, uma prática utilizada para evitar a abertura de um processo que dependa de carta convite é o fracionamento da licitação. Licita-se até um limite de R$33 mil ao final de um determinado ano e, para a continuidade da obra no ano seguinte, abre-se nova licitação. O fracionamento de licitação só é previsto em lei, no caso do poder público não dispor do montante financeiro total para a execução da obra. Essa situação deve estar prevista no projeto básico.

> Art. 90. Frustrar ou fraudar, mediante ajuste, combinação ou qualquer outro expediente, o caráter competitivo do procedimento licitatório, com o intuito de obter, para si ou para outrem, vantagem decorrente da adjudicação do objeto da licitação. Pena - detenção, de 2 (dois) a 4 (quatro) anos, e multa.

Mesmo sem razão, às vezes, a empresa entra com recurso para ganhar tempo. Uma situação que ocorre durante a sessão licitatória é quando ao abrir o envelope da documentação da empresa, por falta de documento, ela é inabilitada. Pode ocorrer também, ao abrir o envelope da proposta, a empresa ter feito uma proposta acima ou abaixo dos limites. No segundo caso, pode-se fazer a média aritmética de todas as propostas válidas inferires a 50%. As propostas que estiverem enquadradas na média continuam participando da licitação e as demais são inabilitadas. Como exemplo, se houver três propostas de R$900 mil, R$700 mil e R$500 mil, a média aritmética é R$700mil. A menor proposta dentro da média é a que vence a licitação. É uma regra bastante específica, mas importante.

> Art. 93. Impedir, perturbar ou fraudar a realização de qualquer ato de procedimento licitatório. Pena - detenção, de 6 (seis) meses a 2 (dois) anos, e multa.

É muito comum, na sessão de licitação, as pessoas se exaltarem e causarem tumulto. O pregoeiro, enquanto funcionário público tem autoridade para mandar prender a pessoa que estiver causando tumulto, até o final do processo licitatório.

> Art. 94. Devassar o sigilo de proposta apresentada em procedimento licitatório, ou proporcionar a terceiro o ensejo de devassá-lo. Pena - detenção, de 2 (dois) a 3 (três) anos, e multa.

De acordo com a Lei 8.666/93, primeiro se abre o envelope com a proposta de todas as empresas, para em seguida, se abrir o envelope da documentação. Pode ocorrer da empresa que apresentou a melhor proposta não estar com a documentação em ordem e, neste caso, a segunda proposta é declarada vencedora, desde que tenha a documentação em ordem.

> Art. 95. Afastar ou procurar afastar licitante, por meio de violência, grave ameaça, fraude ou oferecimento de vantagem de qualquer tipo. Pena – detenção, de 2 (dois) a 4 (quatro) anos, e multa, além da pena correspondente à violência.

O código civil também prevê que a empresa é responsável por cinco anos por qualquer ocorrência na obra referente às condições de utilização, sendo responsável pela solidez e segurança do trabalho, inclusive em razão dos materiais utilizados e, inclusive, do solo. Se houver uma patologia gerada por falha ou má execução da empresa, por exemplo, e a empresa se negar a proceder a solução do problema, também ficará inabilitada por 2 anos. Cabe, nestes casos, à empresa responsável, o ônus da prova em demonstrar à Administração Pública que não houve dolo, má fé ou culpa na geração de vícios ou patologias da obra que tenham comprometido a solidez e segurança do objeto entregue.

## 90. Regime Diferenciado de Contratações Públicas: Eventos Esportivos

A Lei Federal 12.462/2011 instituiu o Regime Diferenciado de Contratações Públicas (RDC), nova modalidade de licitação, que inovou na sistemática de contratação por parte da Administração Pública, trazendo novas determinações e conceitos referes às obras públicas de engenharia que o governo deve contratar.

O RDC foi instituído com uma finalidade específica, qual seja a de conferir uma maior celeridade às contratações, sendo originariamente aplicável somente às licitações e contratos necessários à realização dos Jogos Olímpicos e Paraolímpicos de 2016, definidos pela Autoridade Pública Olímpica; da Copa das Confederações 2013 e da Copa do Mundo 2014, organizadas pela FIFA; e das obras de infraestruturas para aeroportos das capitais dos estados da federação, distantes até 350 km das cidades-sede dos eventos citados.

Dentre as alterações em relação à Lei 8.666/93, o critério de menor preço, por exemplo, deixa de ser o elemento principal de declaração do vencedor.

Na Copa do Mundo, as arenas de futebol tiveram aditamentos de preços que chegaram a até 3 vezes o preço inicial. Com o agravante de que as arenas construídas em estados do Norte e do Centro-Oeste estão subutilizadas ou fechadas, pois a sua dimensão não condiz com os campeonatos estaduais e nem com a população local. É o caso da Arena Mané Garrincha, em Brasília. Situado no Eixo Monumental da Capital Federal, tendo como plano de fundo a Esplanada dos Ministérios e, no horizonte, o Congresso Nacional, o Estádio Nacional nasceu icônico, com seus 288 pilares externos — estampando, por exemplo, a tela inicial do AutoCAD da empresa Autodesk, versão 2013 (TAVARES, 2013).

No entanto, a relevância do antigo Mané Garrincha extrapola sua morfologia estrutural, partido arquitetônico e características de manutenção e conservação sustentáveis. Da definição de seu escopo, passando pela demolição da antiga estrutura do estádio até sua entrega definitiva foram observados sucessivos atrasos e aditivos.

Em relação ao projeto de arquitetura e engenharia, sucessivas revisões em seu escopo e, consequentemente, de sua EAP — do primeiro nível até o nível subentregáveis — foram realizadas. A previsão de conclusão do projeto básico era 10 de dezembro de 2007, mas foi realizado apenas em 30 de agosto de 2008. Já o projeto executivo foi entregue em 19 de agosto de 2009, enquanto a previsão inicial era 07 de fevereiro de 2008. A licitação para a execução das obras foi vencida pelo consórcio formado por duas grandes empresas de construção civil do país, cujo contrato foi celebrado em 19 de julho de 2010. Ao todo oito empresas apresentaram proposta (envelopes); destas, cinco foram inabilitadas em função de critérios estabelecidos em Edital. O valor apresentado pelo consórcio vencedor foi de R$696.648.486,09 (TAVARES, 2013).

Ao término das obras foram gastos mais de R$1,4 bilhão, derivados de aditivos durante a execução das obras, incluindo alteração do escopo original do projeto com inclusão de serviços e obras no entorno, inicialmente não previstos na etapa de desenvolvimento de projetos (TAVARES, 2013). Embora o projeto possa ser identificado de rede simples, as constantes revisões de escopo geraram novas macrofases (pavimentação externa ou urbanização de vias de acesso, por exemplo), com impacto direto na própria linha de base do projeto. Ainda que a atualização constante dos documentos referentes ao projeto — em especial da etapa de execução das obras — seja fundamental (embora muitas vezes pouco praticado), impossível não imaginar com assombro a quantidade de gráficos Gantt produzidos para adequar novas entregas, fases e macrofases.

As informações sobre o processo de licitação, incluindo a planilha original da obra, estão disponíveis no sítio do Tribunal de Contas do Distrito Federal, responsável pelo acompanhamento dos custos e serviços executados.

Sob enfoque da gestão de projetos percebe-se que mesmo entregue a obra, o projeto não obteve sucesso a partir dos níveis estabelecidos de custo e prazo.

O novo Estádio Nacional foi inaugurado com cinco meses de atraso. Em sua construção trabalharam 6 mil pessoas. Ele foi construído com 177 mil m$^3$ de concreto, 9.100 painéis de fotovoltaicos que geram 2,4 megawatts de energia, suficientes para abastecer, além do estádio, mais 2 mil casas. Há 8.420 vagas de estacionamento, 22 elevadores, 50 rampas e 12 vestiários. A capacidade do Estádio Nacional é de 72.788 lugares. Entretanto, a média de público do "Candangão", como é conhecido o campeonato do Distrito Federal, é de pouco mais de 900 pessoas (TAVARES, 2013).

## 91. Regime Diferenciado de Contratações Públicas (RDC): Síntese e Complemento

Objeto de constantes críticas e interesses de alteração, a Lei 8.666/93 ganhou companhia no rol das possibilidades de contratação de obras públicas no país com a promulgação da Lei 12.462/2011, que instituiu o Regime Diferenciado de Contratações Públicas (RDC).

O RDC surgiu inicialmente para aplicação em AECO relacionada com os eventos esportivos previstos no país: a Copa das Confederações FIFA, em 2013, a Copa do Mundo FIFA, em 2014, e os Jogos Olímpicos e Paralímpicos, em 2016. Abrangia também obras em aeroportos e infraestrutura urbana das capitais distantes até 350 km de cidade-sede.

A partir de 2012 uma série de alterações foram promovidas na Lei 12.462/2011. Tornaram-se passíveis de contratação via RDC as obras do Programa de Aceleração do Crescimento (PAC), do Sistema Único de Saúde (SUS), de segurança pública, de infraestrutura urbana e logística, e de ensino e pesquisa ligados à ciência, tecnologia e inovação.

O RDC, dentre as inovações propostas, trouxe o foco na maior eficiência do processo, criando mecanismos de redução do prazo das contratações. Dentre os mecanismos destacam-se a inversão das fases de habilitação e julgamento (ou seja, primeiro analisam-se as propostas para depois analisar as documentações do ganhador da licitação) e a fase única recursal, como regra geral, que ocorre apenas após o julgamento das propostas a habilitação do vencedor. Além disso, a legislação estabeleceu a possibilidade de criação de um sistema de pré-qualificação de empresas e fornecedores, assim como a utilização de remuneração variável, com objetivo de estimular um melhor desempenho por parte da contratada.

No entanto, dentre as inovações dispostas pelo RDC a contratação integrada é aquela de maior impacto e, ao mesmo tempo, de maior discussão e questionamento.

A contratação integrada nasce com o objetivo de imprimir maior agilidade e celeridade aos processos de obras públicas pautados pela Lei 8.666/93, invariavelmente tidos como lentos e extremamente burocratizados. A contratação integrada, prevista no RDC permite o desenvolvimento do projeto executivo após a realização do processo licitatório para escolha da empresa vencedora — independente da modalidade ou tipo de licitação. A responsabilidade pelo desenvolvimento do projeto executivo, atendidas todas as exigências técnicas existentes, passa a ser da empresa construtora responsável pela execução da obra (seja diretamente pelo escritório central ou via subcontratação). Ou seja, a Administração Pública pode licitar a obra de engenharia e arquitetura dispondo apenas de anteprojeto. Neste sentido, o valor estimado da obra será calculado com base nos valores praticados no mercado, em processos anteriores da Administração de mesmo porte e tipologia ou em orçamento expedito para definição do custo global da obra.

O Sistema Confea/Crea e o CAU/BR — além de outras entidades ligadas — destacam fragilidade e riscos advindos do RDC. As etapas de anteprojeto ou mesmo projeto básico possuem um nível de imprecisão que não deve ser ignorado pois, nem todas as variáveis técnicas projetuais para execução da obra foram claramente definidas, mensuradas e calculadas. Além disso, uma vez que a empresa construtora é a responsável por tomar decisões relacionadas com os processos técnicos para execução, abre-se a possibilidade de que a decisão a partir de critérios econômicos (custos) sobressaia em relação aos critérios técnicos, funcionais e de segurança do objeto a ser entregue.

Relevante destacar que uma das maiores empresas de construção civil do país, após condenação pela Justiça Federal do Paraná e multa indenizatória de R$1 bilhão, a partir de um acordo de leniência firmado com a justiça decorrente das investigações da Operação Lava Jato, divulgou em seu *site* um pedido de desculpas à população, junto com algumas propostas para redução dos desvios em obras públicas. Dentre as propostas está o desenvolvimento de projeto executivo de arquitetura e engenharia previamente ao processo de licitação, como forma de obter maior precisão de custos e técnicas aplicadas à obra licitada. Um exemplo ilustrativo de excesso de aditivos gerados é o caso do VLT de Cuiabá, Mato Grosso; obra que deveria ser entregue para a Copa do Mundo FIFA 2014 e que ainda não foi concluída. As obras foram inicialmente estimadas em R$696 milhões e a contratação foi de aproximadamente R$1,5 bilhão, podendo chegar, segundo estudo da Controladoria Geral do Estado de Mato Grosso, a R$1,8 bilhão.

## 92. Situações de Dispensa de Licitação

Abrir um processo de licitação pode ser demorado. Somente para abrir uma licitação, dentro das prerrogativas previstas na Lei 8.666/93, pode demorar até 90 dias, e se tudo correr bem. No entanto, por uma série de razões, faz-se necessário o processo visando garantir a ampla concorrência de empresas interessadas e atendimento ao interesse público, especialmente no que diz respeito aos aspectos econômicos, advindos, justamente, pela concorrência. No entanto, pode haver situações de emergência, em que 90 dias de espera poderão ocasionar prejuízos ou comprometer a segurança de pessoas e bens públicos.

Neste sentido, a dispensa de licitação pode ocorrer por motivo justificado, devendo haver uma justificativa plausível. A contratação emergencial poderá ser conduzida em conformidade com a Lei 8.666/93, art. 24, inciso IV que estabelece que

> (...) nos casos de emergência ou de calamidade pública, quando caracterizada urgência de atendimento de situação que possa ocasionar prejuízo ou comprometer a segurança de pessoas, obras, serviços, equipamentos e outros bens, públicos ou particulares, e somente para os bens necessários ao atendimento da situação emergencial ou calamitosa e para as parcelas de obras e serviços que possam ser concluídas no prazo máximo de 180 (cento e oitenta) dias consecutivos e ininterruptos, contados da ocorrência da emergência ou calamidade, vedada a prorrogação dos respectivos contratos.

Um dos casos mais marcantes no país ocorreu na Região Serrana do Rio de Janeiro, nos dias 11 e 12 de janeiro de 2011, quando as chuvas observadas nesses dois dias superaram a média histórica da região. Dez municípios sofreram com deslizamentos de terra e de encostas de morros, a ponto de decretarem situação de calamidade pública. Toda a infraestrutura da região entrou em colapso, desde o fornecimento de energia elétrica, interdição de rodovias, interrupção dos serviços de transporte, precarização do sistema de abastecimento de água e soterramento de centenas de pessoas. A força com que as encostas dos morros deslizavam eram a própria imagem de catástrofe. Mais uma vez a realidade parecia superar a ficção.

Foram necessárias medidas urgentes e imediatas, com a mobilização do poder público em todas as esferas, realizando-se contratações emergenciais, amparadas pela Lei 8.666/93.

No entanto, é importante salientar que apesar de previsto em legislação, o TCU tem questionado a sua aplicação, mesmo em casos como esses. Entretanto, é uma questão de interpretação do caráter de urgência e caracterização do desastre natural que asseguram a aplicabilidade do art. 24. Em uma situação de catástrofe, como a da Região Serrana do Rio de Janeiro, a realidade se impõe de tal forma que a situação de calamidade pública torna inepto o processo licitatório convencional, no sentido de passar pelas etapas envio de propostas, licitação, adjudicação, homologação, publicação em DOU do resultado, assinatura do contrato e o tempo necessário para a empresa mobilizar a equipe. Em contrapartida, deve-se considerar que a situação adversa, dada como emergencial ou de calamidade pública, muitas vezes possui origem na parcial ou total falta de planejamento e, inclusive, má gestão dos recursos públicos disponíveis — razão pela qual sistematicamente as discussões passam pela ausência de planejamento da Administração Pública e a impossibilidade de abster-se da constatação da emergência em curso.

## 93. O Risco de Licitações Fajutas

O principal critério, dentro da fundamentação da Lei 8.666/93, para uma empresa vencer um processo de licitação é oferecer o menor preço. Em princípio, em termos de dispêndio financeiro essa parece uma medida correta, afinal, são menos recursos empregados pela Administração Pública para execução de determinada obra ou serviço de engenharia e arquitetura.

Entretanto, a lógica da busca isolada do menor preço pode gerar disfunções onde, mesmo atendendo todo trâmite legal da licitação, agindo de má fé, determinada empresa apresenta proposta sabendo que o valor não será suficiente para cobrir os custos reais da obra. Nestes casos, as empresas sem condições técnicas vencem as licitações, mas acabam desistindo da obra antes do término, pois encontram limitações operacionais. No Brasil, o ônus da desistência de uma empresa é do contratante que tem que iniciar todo o processo licitatório novamente. Nos Estados Unidos, há um seguro que garante o valor da obra, o denominado *performance bond*. Se, por algum motivo, a empresa não conseguir terminar a obra, a seguradora irá concluí-la. No Brasil, se essa ideia fosse adotada, somente empreiteiras de grande porte venceriam as licitações (TAVARES, 2013).

Já foram observados casos no país nos quais empresas se unem para ofertar valores inferiores ao mínimo necessário para realizar determinada obra licitadas. Quando a obra atinge o valor proposto, propõe-se um aditamento. A empresa vencedora do processo licitatório que ofereceu um preço insuficiente solicita uma complementação de verba que pode chegar a 25% do valor total da obra. Ou seja, aquele valor inicial que permitiu a empresa vencer é esquecido, pois o valor final será 25% maior. A solicitação de aditamento também precisa ser analisada, o que acaba atrasando a obra. Em outras palavras, toda a preocupação na fase de planejamento em fazer a programação cedo, definir o caminho crítico, estimar e balancear os recursos, para entregar o projeto no prazo são fictícios desde o início, pois a empresa já sabe de antemão da necessidade do aditamento.

O aditamento é um procedimento usual em obras públicas no Brasil. Como exemplo ilustrativo encontra-se a o processo de execução da Linha 4 do metrô da cidade de São Paulo. Em março de 2012, iniciou-se a segunda fase da obra da Linha 4, conhecida como linha amarela. Em novembro de 2014, a estação Fradique Coutinho entrou em operação. Em janeiro de 2015, as obras foram paralisadas e o governo rescindiu o contrato com a empresa responsável pelas obras, em julho daquele ano. O custo total das obras no contrato inicial estava orçado em aproximadamente R$706,9 milhões. A rescisão contratual custou ao governo paulista R$236,9 milhões. O menor valor ofertado para conclusão do remanescente da obra foi de R$849,9. Estima-se que o custo da Linha 4 teve aumento, no cômputo geral, de aproximadamente 54%; embora, de acordo com o Metrô, essa avaliação é sem sentido, pois os contratos iniciais foram assinados em 2011 e há somente uma readequação dos trabalhos e acréscimos de serviços (LEITE, 2016).

O orçamento feito para licitação de novos trechos, em abril de 2016, chegou a R$1,28 bilhão e envolve mudanças no escopo do projeto, necessárias para atender às exigências atuais, que preveem a adequação das estações para a integração com outras linhas e terminais de ônibus, além do método construtivo da estação Vila Sônia. O Metrô informou que somente as obras da segunda fase da Linha 4 foram licitadas originalmente em 2011, em dois lotes, com valor estimado em R$942,9 milhões, o que equivale atualmente aos R$1,16 bilhão considerando-se os aditivos. A empresa vencedora dos dois lotes ofereceu um desconto de 39,64% no primeiro e 41,15% no segundo, chegando a um valor total de R$559,2 milhões. Isso significava, em valores de abril de 2016, com os aditivos de R$40 milhões assinados durante os quatro anos, o valor de R$706,9 milhões na data de rescisão. Mas, um aspecto chama a atenção: os descontos oferecidos, acima dos 30% usualmente utilizados como um valor de referência (LEITE, 2016).

## 94. Caso: Questões Jurídicas e Políticas Causam Atraso em Obra

O projeto do complexo viário Chucri Zaidan, na cidade de São Paulo, prevê o prolongamento da avenida Dr. Chucri Zaidan até a Avenida João Dias, com duas pistas de quatro faixas de rolagem (largura 40 m) de cada lado, além de duas novas pontes sobre o Rio Pinheiros; a ponte Laguna, com 365 m de extensão, três faixas de rolagem e uma ciclovia com acesso ao Parque Burle Marx e a ponte Itapaiúna, com 340 m de extensão e três faixas de rolagem, com um vão livre sobre o rio de 112 m (FERRAZ, 2016).

Em maio de 2016, a ponte Laguna foi inaugurada com atraso e incompleta, permitindo o acesso à pista no sentido Interlagos. A ponte Itapaiúna ainda estava em finalização, com 15% ainda restando para a conclusão, em maio de 2016. Entretanto, o prolongamento da avenida Dr. Chucri Zaidan ainda não havia saído do papel. O motivo: a prefeitura de São Paulo não conseguiu viabilizar as 264 desapropriações de imóveis necessárias para viabilizar a obra (FERRAZ, 2016).

A previsão inicial de entrega da ponte Itapaiúna era janeiro de 2016, mas, foi prorrogada para setembro daquele ano. A ponte faz parte do acordo de compensação da empresa de construção responsável pela obra com a prefeitura, em função de dois empreendimentos de uso múltiplo na região, que geram impacto no fluxo de tráfego, como alternativa para a população do Portal do Morumbi, para atravessar o rio no sentido Santo Amaro e no retorno para o centro. A ponte Laguna custou R$150 milhões de recursos da prefeitura obtidos por meio de títulos imobiliários, no contexto da Operação Urbana Água Espraiada (legislação de 2001), da ordem de R$3,5 bilhões. Mesmo com os recursos disponíveis, houve atraso de quatro meses. A operação de ambas as pontes é complementar, pois suas pistas possuem mão única em sentidos opostos. Em outras palavras, o fluxo de tráfego só será inteiramente atendido quando houver a operação conjunta das duas pontes (FERRAZ, 2016).

Observa-se neste caso, um descompasso entre as obras relacionadas com as pontes e o prolongamento em si. Mesmo com atraso, as duas pontes estão praticamente prontas, enquanto o prolongamento nem começou. A execução de pontes é mais rápida, pois a solução de projeto demanda um método de execução específico. Esse tipo de atraso ocorre em função da complexidade jurídica em desapropriar imóveis, além do fato de o Tribunal de Contas do Município (TCM) ter questionado a necessidade e viabilidade dos corredores. De forma geral, as obras sofrem com o atraso do planejamento inicial em si, pois os projetos não são detalhados suficientemente, sob os aspectos técnicos e econômicos, além dos impactos verificados nos investimentos públicos devido a crises econômicas e, até mesmo, políticas.

## 95. Síntese dos Aspectos Legais da Arquitetura e Engenharia e a Lei de Licitações e Contratos

Diferente das empresas privadas, que dispõem de ampla liberdade em seus processos de escolha para compras e contratações, incluindo obras e serviços de engenharia e arquitetura, a Administração Pública deve obedecer a uma série de procedimentos regulamentados e preestabelecidos em legislação: a Lei 8.666/93, conhecida como Lei de Licitações e Contratos.

A Lei 8.666/93 atribuiu às obras de engenharia e arquitetura uma característica sucessiva e com etapas definidas de forma não concorrente. O desenvolvimento de projeto e o processo de produção (materialização da obra) ocorrem em etapas distintas tendo, inclusive, diferentes intervenientes por força de dispositivos legais. Ou seja, quem projeta, não executa. Interessante destacar que dentre os requisitos necessários que deverão ser atendidos pelo projeto de arquitetura e engenharia estão a segurança, a funcionalidade da edificação ao interesse público e a economicidade em sua execução, conservação e operação, explicitados no art. 10 da Lei 8.666/93. No contexto da Administração Pública, os projetos, assim como a execução de obras, são fundamentalmente contratados com empresas de arquitetura e engenharia por meio de licitação, na qual cada etapa do processo é preestabelecida, fragmentada e sequencial.

Basicamente, o processo de licitação é divido a partir de sua modalidade e tipo. A modalidade relaciona-se com o valor, e o tipo, com a forma de análise do processo. As modalidades e seus valores para serviços e obras de arquitetura e engenharia são:

- Convite: até R$330 mil.
- Tomada de preços: até R$3,33 milhões.
- Concorrência: acima de R$3,33 milhões.
- Concurso, leilão e pregão: sem limite de valor.

No âmbito dos serviços e obras de engenharia e arquitetura, existem os seguintes tipos de licitação:

1) **Menor preço**: o ganhador é a empresa que apresenta o menor preço a partir das especificações técnicas previstas em edital desenvolvido pela Administração Pública.
2) **Melhor técnica**: utilizado para serviços de natureza predominantemente intelectual, como elaboração de projetos de cálculos, fiscalização, supervisão e de engenharia consultiva para elaboração de estudos técnicos preliminares ou projetos básicos e executivos; relaciona-se com obras de maior vulto e dependentes de tecnologia sofisticada em que as soluções e variações de

execução repercutem de forma significativa na qualidade, produtividade e durabilidade e que devem ser concretamente mensuráveis.

3) **Técnica e preço:** utilizam-se como parâmetro de julgamento pontuações a partir de critérios objetivos, previstos em edital; a diferença em relação ao tipo melhor técnica está no julgamento do preço, que é efetuado posteriormente à escolha das propostas previamente qualificadas; enquanto no tipo técnica e preço a classificação das propostas é realizada com base na média ponderada das propostas técnicas e de preço, calculada a partir das definições previstas em edital.

Um aspecto fundamental da Lei 8.666/93 e, contudo, controverso, é a peça projeto no contexto de obras públicas: a definição do escopo e sua capacidade de antecipação de problemas.

## 96. O BIM na Administração Pública

Nos estudos acadêmicos o Building Information Modeling (BIM) recebeu uma série de adjetivos: catalisador de mudança, tecnologia para redução da fragmentação da indústria da AECO, impulsionador da eficiência e eficácia, redutor dos altos custos da inadequada interoperabilidade entre processo de projeto/obra/projetistas e novo CAD paradigma (SUCCAR, 2009).

Independente do léxico adotado, as interações de práticas, processos e tecnologias que envolvem o BIM possibilitam a integração do desenvolvimento do projeto, execução da obra e manutenção da edificação. No entanto, a sua implementação nas organizações requer uma série de procedimentos e múltiplos estágios, até o atingimento de uma maturidade e sólida base de dados (SUCCAR, 2009).

Em 2017 o Governo Federal instituiu o Comitê Estratégico de Implementação do Building Information Modeling (CE-BIM), composto por membros de diferentes órgãos do âmbito federal, com o objetivo de disseminar o BIM com apresentação de um plano de ações.

O Decreto 9.377/2018 instituiu a Estratégia Nacional de Disseminação Building Information Modeling (BIM BR), como desdobramento dos trabalhos do CE-BIM. Dentre as estratégias do BIM BR, destacam-se:

- Criação de condições favoráveis de investimento e estruturação do setor público para adoção do BIM.
- Proposição de atos administrativos que estabeleçam parâmetros para as compras e contratações públicas com uso do BIM.

- Capacitação de servidores em BIM.
- Desenvolvimento da Plataforma e da Biblioteca Nacional BIM.

Dentre as metas planejadas pelo BIM BR estão, no curto prazo, o aumento da produtividade das empresas do setor em até 10%, com redução dos custos das obras públicas em 9,7%. Com isso, estima-se que nos próximos dez anos haja elevação de mais de 28% do PIB da construção civil nacional.[3]

O BIM é apontado como o mais promissor desenvolvimento percebido dentro da indústria de AEC, imprimindo velocidade ao processo de tomada de decisão, melhor qualidade dos projetos e informações incorporadas ao ciclo de vida do produto (CVP) edificação (DONATO, LO TURCO & BOCCONCIO, 2017; WON & CHENG, 2017). Dentre os ganhos mensuráveis (AZHAR, 2011):

- Até 40% de eliminação de mudanças não previstas em orçamento.
- Precisão de até 3% em relação à estimativas de custo.
- Redução de mais de 80% do tempo empregado para geração de uma estimativa de custo.
- Redução de mais de 7% do tempo dispensado à etapa de projeto da edificação.

A construção civil é caracterizada como de natureza dinâmica decorrente das incertezas intrínsecas ao seu funcionamento e relacionadas com a tecnologia, o orçamento e os processos que a compõem (FERNÁNDEZ-SOLÍS, 2008). Considerando o montante dos investimentos necessários no setor da construção civil no país, estratégias voltadas à mitigação das incertezas na gestão de obras públicas representam economia direta de recursos financeiros. A introdução do BIM como uma estratégia de política pública é o primeiro passo.

## 97. O Que é um Orçamento?

Um orçamento de obra é a descrição dos serviços, quantificados e analisados a partir da valoração de custos diretos e indiretos que correspondem ao que foi previsto nos projetos de engenharia e arquitetura e que, acrescido da margem de lucro da empresa responsável pela execução da obra, resulta na adequada previsão do preço final do empreendimento (BAETA, 2012; MATTOS, 2006; BRASIL, 2014).

[3] Os dados foram divulgados no documento "BIM BR construção inteligente". Disponível em: <https://www.dnit.gov.br/planejamento-e-pesquisa/bim-no-dnit/bim-no-dnit-1/Livreto_Estratgia_BIM_BR_versositeMDIC_SEMlogomarca1.pdf>. Acesso em: 23 de outubro de 2018.

No entanto, antes de discutir propriamente o orçamento, faz-se necessário destacar que não existe um bom orçamento sem um bom projeto. Ambas as peças do processo de licitação estão intimamente ligadas e correlacionadas. Baeta (2012) destaca que sem um projeto confiável, o orçamento da obra nada mais é do que uma peça de ficção.

Para a Administração Pública o orçamento prévio da obra tem a função inicial de verificar a previsão e suficiência de recursos disponíveis para a conclusão do projeto. Tal necessidade relaciona-se com a Lei de Responsabilidade Fiscal (LRF) que considera não autorizadas, irregulares e lesivas ao patrimônio público a geração de despesa ou assunção de obrigação financeira sem que haja dotação orçamentária suficiente para condução do processo de licitação.

Portanto, o conceito de custo deve ser compreendido como os encargos que oneram a empresa responsável pela execução da obra pública, envolvendo mão de obra, materiais, equipamentos e sua operação. O preço é o resultado final do orçamento, consistindo no valor efetivamente que será pago à empresa vencedora do processo de licitação. Ou seja, o preço é o resultado do custo adicionado do lucro e das despesas indiretas.

Assim como o processo de projeto apresenta característica dinâmicas que estão relacionadas com a redução das dúvidas e imprecisões em função do tempo, o orçamento também possui níveis de imprecisão, que sofrem variação conforme evolução do processo de projeto. Os orçamentos são classificados de acordo com a precisão em estimativa de custo, orçamento preliminar e orçamento analítico ou detalhado.

Uma ferramenta importante para a estimativa de custos na construção civil é o custo unitário básico (CUB). Criado por meio da Lei 4.591/1964 e normatizado pela ABNT NBR 12721:2007, o CUB permite, a partir de diferentes tipologias de edificação apresentadas por projetos-padrão, estabelecer uma primeira referência em relação ao custo por metro quadrado ($m^2$) da edificação pretendida. Desta forma, o CUB/$m^2$ apresenta apenas o custo parcial, e não global do empreendimento. Por isso, faz-se necessário ao orçamentista conhecer os parâmetros previstos em NBR e as metodologias de cálculo utilizadas para estabelecimento da estimativa de custo. No entanto, a etapa de estimativa de custo é de grande importância, pois subsidiará a análise da viabilidade do empreendimento e, inclusive, as alternativas a serem desenvolvidas na etapa de detalhamento dos projetos de engenharia e arquitetura.

Aprovada a estimativa de custo e a viabilidade do empreendimento, procede-se o desenvolvimento do orçamento preliminar. Nesta etapa do processo de projeto as soluções técnicas fundamentais e a definição dos principais componentes arquitetônicos e estruturais da obra já estão estabelecidas. Nesta etapa os quantitativos de materiais e serviços já são passíveis de levantamento, permitindo a pesquisa de preço dos respectivos insumos e composições. Se a estimativa de custos é usualmente utilizada no estudo de viabilidade do empreendimento, o orçamento preliminar é utilizado na fase de anteprojeto[4] — portanto, nesta etapa, o nível de incerteza é menor (BAETA, 2012).

O projeto de arquitetura e engenharia, ao atingirem a fase de projeto básico e executivo, permite o desenvolvimento de um orçamento analítico, ou detalhado. Esta etapa do orçamento busca refletir o valor "real" de determinada obra, cujo nível de incerteza é mínimo. Faz-se necessário destacar que o desenvolvimento do orçamento detalhado só faz sentido, e é merecedor do nome, se for desenvolvimento a partir de projetos de arquitetura e engenharia que apresentem detalhamento suficiente — os custos unitários só podem ser determinados a partir de especificações técnicas detalhadas e critérios de levantamento e medição muito bem definidos (ALTOUNIAN, 2010; BAETA, 2012).

Relevante ressaltar que o projeto básico se refere à etapa na qual são estabelecidos de forma definitiva o dimensionamento de todos os componentes do objeto a ser executado, incluindo infraestrutura e superestrutura. O projeto executivo tem como principal característica a continuação do detalhamento do projeto básico, incluindo previsão de instalação do canteiro de obras, por exemplo. Por isso, entre a conclusão da fase de projeto básico e projeto executivo, não são admitidas alterações no projeto que acarretem modificações significativas de serviços previstos em projeto básico, incluindo as soluções técnicas previstas.

A precisão, portanto, do orçamento detalhado é balizador para a condução do processo de licitação. A Lei 8.666/93, art. 7º, parágrafo 2º, determina que as obras só poderão ser licitadas quando "(...) existir orçamento detalhado que expresse a composição de todos os seus custos unitários".

Portanto, considerando que o detalhamento dos projetos de arquitetura e engenharia possuem impacto direto no nível de precisão dos orçamentos desenvolvidos a partir deles, a Tabela 6.4 apresenta essa relação a partir da literatura.

---

[4] Para melhor compreensão do processo de projeto, consultar a ABNT NBR 16636:2017 – Elaboração e desenvolvimento de serviços técnicos especializados de projetos arquitetônicos e urbanísticos.

**Tabela 6.4:** Fase do projeto e nível de precisão dos orçamentos

| Fase do projeto | Classificação do orçamento | Procedimento de cálculo | Imprecisão/erro admissível |
|---|---|---|---|
| Estudo preliminar | Estimativa de custo | Área da construção multiplicada por um indicador (por exemplo, CUB/$m^2$) | Aprox. 30% |
| Anteprojeto | Preliminar | Quantitativos levantados a partir de plantas e cortes dos projetos de arquitetura e engenharia (especialmente fundações e estrutural) cruzados com tabelas referenciais | Aprox. 15% |
| Projeto básico | Detalhado ou analítico inicial | Quantitativos de serviços determinados por meio dos projetos e custos obtidos em composições de custos unitários, com preços de insumos obtidos em tabelas de referência oficiais e complementadas por pesquisas de mercado | Entre 5% e 10% |
| Projeto executivo | Detalhado ou analítico final | Todos aqueles efetuados para orçamento detalhado ou analíticos inicial, acrescidos das informações sobre as peculiaridades e porte da obra, inclusive, por meio do conhecimento de possíveis economias decorrentes da expectativa de compra de materiais, por exemplo | Aprox. 5% |

O orçamento busca, em última instância, o custo real da execução de determinada obra de engenharia e arquitetura. Contudo, há uma série de limitações. As tabelas de referência, mesmo as oficiais, apresentam preços conservadores, muitas vezes preços máximos de mercado, e não a materialização do preço de venda às construtoras, por exemplo. Neste sentido, Lopes (2011) destaca que o ideal seria que os órgãos da Administração Pública, com base na análise de um universo de obras anteriores já realizadas, desenvolvessem fatores de correção de preço em seus processos de licitação, aproximando os orçamentos do custo real de execução.

## 98. Como Elaborar um Orçamento

A Lei 8.666/93 veda expressamente a inclusão de aquisição e fornecimento de materiais e serviços sem a previsão de quantidade ou em quantidade não correspondente ao determinado em projetos de arquitetura e engenharia. Desta forma, a legislação estabelece que tanto a omissão ou subestimativa quanto a superestimava de materiais e serviços acarretam danos e prejuízos à Administração Pública — aspectos evitáveis por meio da correta elaboração do orçamento da obra.

O desenvolvimento de um orçamento pode ser dividido em três etapas, ou ciclos principais: 1) levantamento e quantificação dos serviços; 2) definição dos custos unitários; e 3) definição da taxa de BDI.

Para iniciar o desenvolvimento do orçamento propriamente dito, é necessária uma análise minuciosa dos projetos de arquitetura e engenharia desenvolvidos e aprovados até aquele determinado momento. Com isso, é possível verificar os serviços que serão necessários para execução da obra, assim como seu levantamento em unidades passíveis de medição. Com isso é possível calcular os quantitativos da obra. Esse cálculo é efetuado a partir da contagem simples ou procedimentos vinculados à geometria, como cálculo de distâncias, áreas, perímetros e volumes.

A etapa de definição dos custos unitários é o processo de estabelecimento dos custos especificados para execução de um serviço ou atividade, a partir das decisões constantes dos projetos de arquitetura e engenharia. Os custos unitários estão vinculados às composições de serviços, que se referem aos insumos, divididos entre mão de obra, material e equipamento.

Na etapa de definição dos custos unitários faz-se uso das tabelas de referência oficiais. Dentre elas, destacam-se o Sistema Nacional de Pesquisa de Custos e Índices da Construção Civil - Sinapi e do Sistema de Custos Referenciais de Obras - Sicro. Salvo situações específicas e tecnicamente fundamentadas, a ideia por trás da utilização de tabelas de referência oficiais é de que nenhum preço global de obra ou serviço de engenharia e arquitetura possa ser superior àquele determinado pela Administração Pública, por meio do Sinapi ou Sicro, por exemplo, pois entende-se que essas tabelas refletem os valores medianos praticados no mercado. As Figuras 6.4 e 6.5 apresentam dois exemplos de composição de custo e insumos, do Sinapi e Sicro, respectivamente.

| Estaca Strauss, diâmetro de 25cm, comprimento de até 10m, não armada (exclusive mobilização e desmobilização). af_03/2018 | | | |
|---|---|---|---|
| **Código** | **Discriminação** | **Unidade** | **Coeficiente** |
| 88309 | Pedreiro com encargos complementares | h | 0,135 |
| 88316 | Servente com encargos complementares | h | 0,464 |
| - | Torre, composta por guincho mecânico, guincho manual, cabos de aço, piteira e soquete | CHP | 0,142 |
| - | Torre, composta por guincho mecânico, guincho manual, cabos de aço, piteira e soquete | CHI | 0,058 |
| - | Tubo de revestimento, em aço, corpo schedule 40, ponteira schedule 80, rosqueavel e segmentado para perfuracao, diametro 8" (220 mm) | m | 0,002 |
| 94970 | Concreto fck = 20 mpa, traço 1:2,7:3 (cimento/ areia média/ brita 1), preparo mecânico com betoneira 600 l. af_07/2016 | $m^3$ | 0,062 |
| 92795 | Corte e dobra de aço CA-50, diâmetro de 12,5 mm, utilizado em estruturas diversas, exceto lajes. af_12/2015 | kg | 1.284 |

*Fonte*: Disponível em: http://www.caixa.gov.br/Downloads/sinapi-composicoes-aferidas-lote1-habitacao-fundacoes-estruturas/SINAPI_CT_LOTE1_ESTACAS_v008.pdf. Acesso em: 12 Fev 2019.

**Figura 6.4:** Composição de custos.

| Escav. Carga Transporte Mat.1a Cat. DMT 1400 a 1600m — cam serv. em leito natural com carregamento e caminhão basculante de 10m³ | | | |
|---|---|---|---|
| **Código** | **Discriminação** | **Unidade** | **Coeficiente** |
| 9511 | Carregadeira de pneus — cap.3,1m³ (136kW) | h | 0,0047 |
| 9541 | Trato de esteiras com lâmina (228kW) — tipo D8 | h | 0,0043 |
| 9579 | Caminhão basculante de pneus — cap.10m³ 15 t (170kW) | h | 0,0278 |
| 9824 | Sevente | h | 0,014 |

*Fonte*: Disponível em: http://www.dnit.gov.br/download/servicos/sicro-3-em-consulta-publica/consulta%20publica.pdf. Acesso em: 12 Fev 2019.

**Figura 6.5:** Custo de insumos.

Os dados de consumo ou coeficientes de uso e aplicação dos insumos são obtidos por meio de apropriação dos serviços na obra, de cálculos técnicos em função das características dos serviços, por estudos e experiência das empresas do ramo da construção, de sistemas próprios de orçamentação ou ainda mediante utilização de manuais técnicos de composições de serviços de engenharia (BRASIL, 2014; MATTOS, 2006).

Ao orçamentista é importante destacar que a elaboração de uma planilha orçamentária a partir de tabelas referenciais de custos deve considerar as múltiplas especificidades dos projetos e do local de execução da obra, dentre elas (BRASIL, 2014; LOPES, 2011):

- Distâncias de transporte de materiais em geral.
- Fatores de produtividade de mão de obra e equipamentos minorados ou majorados nas composições.
- Problemas de logística com materiais, mão de obra, equipamentos e combustíveis.
- Diferentes alíquotas tributárias.
- Utilização de novos materiais e inovações tecnológicas.
- Consumos variáveis de produtos e materiais.
- Diferentes arranjos do canteiro de obras.
- Necessidade de execução da obra em ritmo acelerado de execução.
- Diferenças na administração local da obra.
- Exigências contratuais específicas e alocação de riscos entre o contratante e o contratado.

A terceira etapa do processo de desenvolvimento, e não menos importante, é a definição da taxa de BDI. A taxa representa Bonificações e Despesas Indiretas e é definida como um percentual aplicado sobre o custo calculado de determinada obra ou serviço para se chegar ao preço de venda a ser apresentado pela empresa interessada no processo de licitação.

O Decreto 7.983/2013 estabelece que o custo global é o valor resultante do somatório dos custos totais de todos os serviços necessários para plena execução de determinada obra ou serviço de engenharia e arquitetura acrescido do valor correspondente de BDI. A Figura 6.6 apresenta os itens principais que compõem a respectiva taxa.

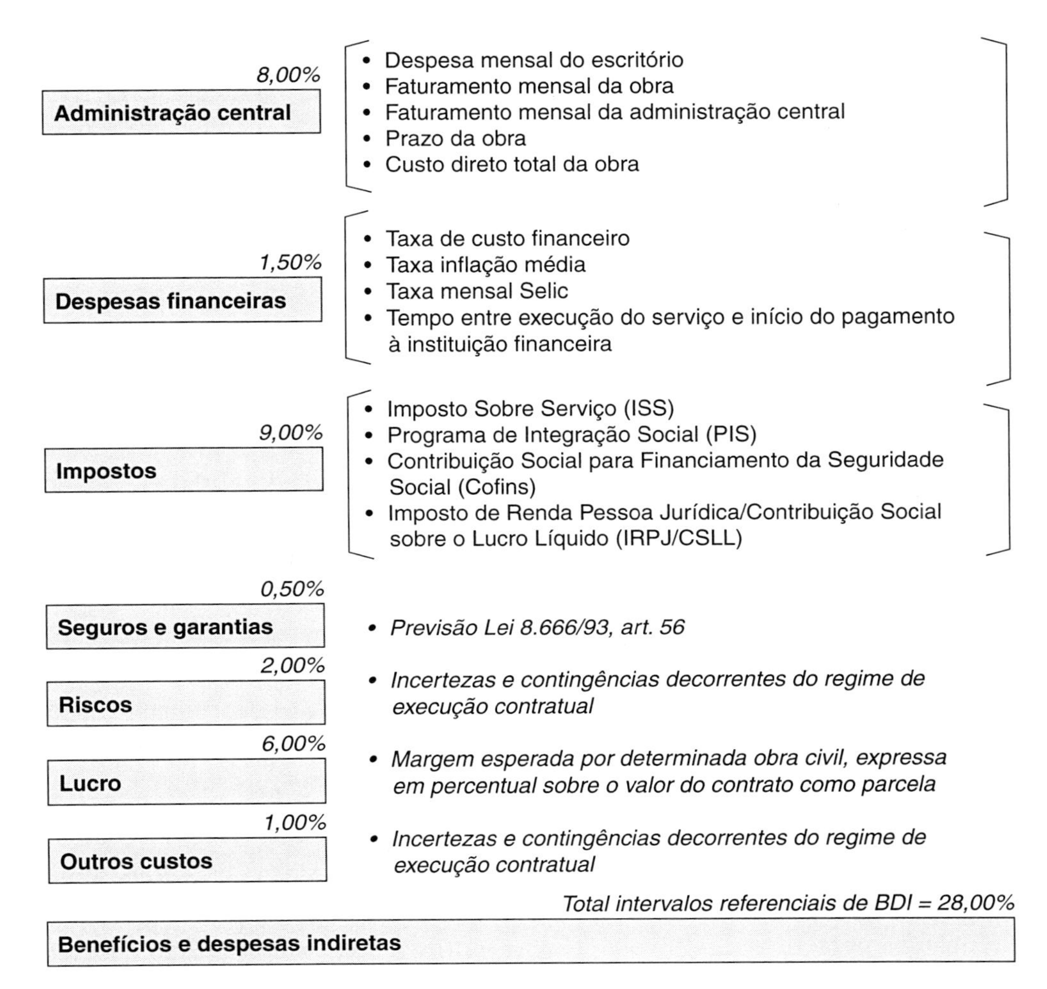


**Figura 6.6:** Itens BDI.

No desenvolvimento do orçamento é fundamental que a Administração Pública, por meio de seu quadro de engenharia e arquitetura, informe separadamente e de forma detalhada a taxa de BDI utilizada no orçamento que comporá o processo de licitação, e exija das empresas licitantes o detalhamento dos percentuais aplicados em suas propostas de preços. Tal objetivo não se limita apenas à realização de análise dos componentes considerados pelos licitantes, mas também para a formação de uma memória de valores que permita à Administração Pública, considerando as peculiaridades de cada obra e empresa, realizar orçamentos com níveis de precisão cada vez maiores (BRASIL, 2014).

Contudo, não há uma fórmula única adotada para obtenção da taxa de BDI, tampouco o seu valor. A empresa Furnas Centrais Elétricas S.A., por exemplo, adota em seus processos de licitação o valor de BDI entre 24,50% e 33,84% (ALTOUNIAN, 2010). Uma forma simplificada de cálculo pode ser realizada por meio da fórmula:

BDI = (CD + CI + L)/CD

onde:

CD = custo total dos serviços

CI = custos indiretos

L = lucro da empresa pela execução dos serviços

Neste cálculo simples é obtido um valor numérico, com no mínimo duas casas decimais, que transformado em percentual deverá ser aplicado. Importante destacar que diversos órgãos de fiscalização e controle do país, como o Tribunal de Contas da União, a Controladoria Geral da União e o Departamento de Polícia Federal vêm desenvolvendo estudos e análises para um melhor conhecimento desta relevante etapa do desenvolvimento de orçamentos. Percebe-se, na análise das médias das contratações, que a taxa de BDI varia de forma considerável em função do tipo de obra. Considerando a execução de edificações a taxa média estatística de BDI é de 22,12%, enquanto obras de infraestrutura de redes de abastecimento de água e correlatas apresentam média de 24,18%, e obras portuárias, marítimas ou fluviais, BDI médio de 27,48% (BRASIL, 2014).

Cumpre destacar que a literatura especializada e a jurisprudência do TCU apontam fatores complementares que tendem a influenciar as taxas de BDI, tais como o porte da empresa, sua natureza específica, sua localização geográfica, o prazo de execução da obra, os riscos envolvidos nas contratações, a situação econômica e financeira da empresa e do país (ALTOUNIAN, 2010; BAETA, 2012; BRASIL, 2014).

## 99. Como Elaborar um Cronograma Físico-Financeiro

Um dos documentos que fazem parte de uma proposta na licitação e que serve para fazer um acompanhamento sistemático da evolução dos trabalhos desenvolvidos e suas respectivas parcelas no custo da obra é o cronograma físico-financeiro. É um documento de planejamento mais simples do que o diagrama PERT-CPM e pode ser encarado como uma versão simplificada do Gantt.

O cronograma físico-financeiro apresenta a divisão da obra ou serviço de engenharia e arquitetura em fases que serão executadas sequencialmente, de forma simultânea ou não, e seus respectivos prazos de execução — início e fim. Nas obras públicas, cabe ao órgão promotor e interessado pela obra a responsabilidade de elaborar o cronograma físico-financeiro. É por meio deste documento que a Administração Pública acompanha a execução da obra, confrontando com o cronograma inicialmente estabelecido e efetua as respectivas liberações de pagamento por cada etapa entregue previamente definidas em edital. A Figura 6.7 apresenta o cronograma físico-financeiro de execução da Casa da Mulher Brasileira — CMB, edificação com 3.671,86 $m^2$, na capital de São Paulo.[5]

| ITEM | DISCRIMINAÇÃO | VALOR (R$) | 1ª PARCELA | 2ª PARCELA | 3ª PARCELA | 4ª PARCELA | 5ª PARCELA | 6ª PARCELA | 7ª PARCELA | TOTAL |
|---|---|---|---|---|---|---|---|---|---|---|
| 1 | SERVIÇOS PRELIMINARES E GERAIS | | 15% | 15% | 15% | 15% | 15% | 15% | 10% | 100% |
| 2 | DEMOLIÇÕES E REMOÇÕES | | | 35% | 35% | 10% | 10% | 5% | 5% | 100% |
| 3 | INSTALAÇÕES DO CANTEIRO | | 34% | 30% | 12% | 6% | 6% | 6% | 6% | 100% |
| 4 | MOVIMENTO DE TERRA | | 60% | 40% | | | | | | 100% |
| 5 | ESTRUTURA | | | 5% | 25% | 35% | 35% | | | 100% |
| 6 | COBERTURA | | | | | 5% | 35% | 60% | | 100% |
| 7 | PISOS | | | | | | 30% | 30% | 40% | 100% |
| 8 | FORROS, DVISÓRIAS E PISOS FALSOS | | | | | | 5% | 35% | 60% | 100% |
| 9 | CARPINTARIA E MARCENARIA | | | | | | | | 100% | 100% |
| 10 | SERRALHERIA | | | | | | | 50% | 50% | 100% |
| 11 | PINTURA | | | | | | 10% | 35% | 55% | 100% |
| 12 | INSTALAÇÕES ELÉTRICAS | | | 10% | 10% | 20% | 25% | 20% | 15% | 100% |
| 13 | INSTALAÇÕES ESPECIAIS – AR CO NDICIONADO E VENTILAÇÃO MECÂNICA | | | | | | 30% | 30% | 40% | 100% |
| 14 | INSTALAÇÕES ESPECIAIS – PREVENÇÃO E COMBATE A INCÊNDIO | | | | | 5% | 15% | 30% | 50% | 100% |
| 15 | INSTALAÇÕES HIDROSSANITÁRIAS | | | | | 30% | 30% | 10% | 10% | 80% |
| 16 | DIVERSOS | | | | | | | 40% | 60% | 100% |
| 17 | LIMPEZA GERAL | | 12% | 12% | 12% | 12% | 12% | 12% | 28% | 100% |

**Figura 6.7:** Cronograma físico-financeiro de execução de edificação.

De maneira geral, nas linhas são apresentadas todas as etapas da obra e nas colunas, o custo total de execução de cada etapa e, em seguida, os períodos de execução. Dessa forma, fica fácil visualizar de forma resumida o andamento da obra e a simultaneidade de serviços a serem executados. Em cada barra relativa ao período de execução da etapa, apresenta-se o montante financeiro gasto para executá-la e logo abaixo a porcentagem correspondente ao serviço realizado naquele período. O grau de detalhamento (mensal, semanal ou diário) pode estar vinculado ao período no qual as medições de serviço serão realizadas.

É interessante que a elaboração do cronograma físico-financeiro seja feita em duas etapas: a primeira pelo responsável pelo planejamento, e a segunda, com a verificação por parte dos envolvidos se as previsões indicadas correspondem ao que efetivamente

[5] Edital de licitação 2015/00009(9549). Disponível em: <https://www.bb.com.br/pbb/pagina-inicial/compras,-contratacao-e-venda-de-imoveis/compras-e-contratacoes-para-administracao-publica/licitacoes-casa-da-mulher/rdc-presencial#/>. Acesso em: 19 de outubro de 2018.

ocorre no canteiro de obras. Esse é um ponto crucial, pois é aí que se observa um descompasso entre o escritório da empresa e o canteiro de obras.

O cronograma físico-financeiro pode ser um instrumento útil para sinalizar a necessidade de alocação de mão de obra e equipamentos, a necessidade de compra de materiais, para garantir que os prazos serão atendidos. Custo e prazo são os principais indicadores utilizados para avaliar o desempenho da execução de obras, tanto por parte da empresa de construção civil quanto por parte do contratante.

Em síntese, o cronograma físico-financeiro é um documento que permite a comunicação direta e rápida com todos os atores envolvidos na realização da obra: a empresa e seus funcionários, a equipe da obra, o contratante e os bancos (no caso de haver a necessidade de contrair empréstimos).

## 100. Emissão da ART e do RRT

### Emissão da ART

A anotação de responsabilidade técnica (ART) foi instituída pela Lei Federal 6.496/77, para identificar o responsável técnico de um empreendimento, bem como para gerar a documentação das características básicas do empreendimento. Todo profissional responsável por alguma obra deve registrar a ART, caso contrário estará sujeito à multa prevista na alínea "a" do art. 73 da Lei 5.194, de 24 de dezembro de 1966, e eventuais penalidades legais.

Se, à primeira vista, a falta da ART tem um caráter punitivo, o objetivo da ART é resguardar os direitos autorais, garantir a existência de contrato (principalmente em caso de contratação verbal) e o direito à remuneração (é um comprovante de prestação de serviço). Resguarda o profissional, pois ele só é responsável pelas atividades técnicas que efetivamente executou.

Na perspectiva da sociedade, a ART identifica os responsáveis técnicos pela execução de obras ou prestação de serviços profissionais relativos às diferentes áreas de atuação do engenheiro e às características do serviço contratado.

O preenchimento da ART pode ser feito on-line e deve observar os seguintes requisitos:

1. Deve haver registro do profissional e da empresa no CREA da jurisdição na qual o serviço ou obra serão executados.
2. A obra só deve ser iniciada após o preenchimento da ART por parte do profissional.

3. A ART deverá ser preenchida na jurisdição em questão. A exceção é somente para projetos desenvolvidos em laboratórios ou escritórios e que não envolvam atividade de campo.
4. As assinaturas e guarda do documento são de responsabilidade do profissional e da empresa. O CREA pode solicitar o documento em caso de necessidade.
5. Com a entrega da obra ou serviço, o profissional pode realizar a baixa, por meio de acesso restrito, ao acessar o *site* do CREA da jurisdição.
6. As ART, ao longo da vida do profissional, compõem o seu acervo técnico e têm a função de documento comprobatório para fins legais. Em processos de licitação o acervo técnico é muitas vezes necessário para comprovar a experiência técnica prévia em obras de mesma natureza.

## Emissão do RRT

A aprovação da Lei 12.378/2010 passou a regular o exercício da profissão de arquiteto e urbanista, até então vinculado à Lei 5.194/66. Com isso foi criado o Conselho de Arquitetura e Urbanismo (CAU/BR), distinguindo-se do agora Conselho Federal de Engenharia e Agronomia (Confea).

O registro de responsabilidade técnica (RRT) foi instituído pela mesma Lei 12.378/2010, estabelecendo, em art. 45, a exigência de emissão em "toda realização de trabalho de competência privativa ou de atuação compartilhadas com outras profissões regulamentadas (...)". O RRT define os responsáveis técnicos pelo empreendimento a partir da definição da autoria, da coautoria e dados dos serviços técnicos prestados.

A legislação e o código de ética do profissional arquiteto e urbanista destaca que a ausência de emissão do RRT sujeita o profissional e/ou a empresa responsável à responsabilização pela violação dos aspectos legais, além da obrigatoriedade da paralisação do trabalho até a regularização da situação. A indicação da responsabilidade técnica possui as seguintes premissas fundamentais:

- Direito da sociedade à informação, de modo que esta possa se certificar de que os serviços técnicos são prestados por profissionais habilitados, providos de adequada formação e qualificação, capazes de prevenir qualquer tipo de risco à segurança, à saúde e ao bem-estar dos usuários e da vizinhança ou de dano ao meio ambiente.
- Um mecanismo de aperfeiçoamento do exercício profissional.

- Um direito do arquiteto e urbanista de ter reconhecida sua autoria ou responsabilidade por projeto, obra ou serviço.

Para emissão do RRT o profissional deve acessar o Sistema de Informação e Comunicação do CAU (Siccau), por meio de seu CPF e senha, escolhendo o modelo adequado ao serviço técnico prestado, como por exemplo:

1. RRT de cargo/função: quando envolver atividades abrangidas na responsabilidade de profissional designado para cargo ou função, tanto pública quanto provada.
2. RRT de obra/serviço/simples: quando envolver uma ou mais atividades em um único endereço de execução.
3. RRT múltiplo: quando envolver uma mesma atividade em diversos endereços de execução dentro do mesmo período/mês.
4. RRT mínimo: quando envolver edificação com área de construção total de até 70 m$^2$, destinada a uso residencial ou quando se tratar de serviço técnico enquadrado no Sistema Nacional de Habitação de Interesse Social (Snhis) e de assistência técnica pública e gratuita.

Complementarmente à emissão do RRT, a indicação da responsabilidade técnica deverá ser indicada no local de execução da obra, montagem ou serviços no âmbito profissional por meio de placa de identificação, contendo dados como nome do arquiteto e urbanista, número de registro CAU/BR, RRT correspondente ao serviço, endereço, telefone ou e-mail do profissional.

## Referências

ALTOUNIAN, C.S. (2010) Obras públicas: licitação, contratação, fiscalização e utilização. Belo Horizonte: Fórum, p. 409.

AZEVEDO, P.F. (1997) A nova economia institucional. In: FARINA, E.M.M.Q.; AZEVEDO, P.F.; SAES, M.S.M. Competitividade: mercado, estado e organizações. São Paulo: Singular, p. 29-109.

AZHAR, S. (2011) Building information modeling (BIM): trends, benefits, risks, and challanges for the AEC industry. Leadership and Management in Engineering, v. 11, p. 241-252.

BAETA, A.P. (2012) Orçamento e controle de preços de obras públicas. São Paulo: Pini, p. 305-325.

BERTA, R. (2016) Empresa mudou responsável por obra da ciclovia dois meses antes da inauguração: contrato teve oito aditivos e custou R$10 milhões a mais do que o previsto. URL: http://oglobo.globo.com/rio/empresa-mudou-responsavel-por-obra-da-ciclovia-dois-meses-antes-da-inauguracao-19141591#ixzz48GA7bziD. Acesso em: 10 de maio de 2016.

BRASIL. (2014) Advocacia-Geral da União (AGU). Manual de obras e serviços de engenharia: fundamentos da licitação e contratação. Brasília: AGU, Consultoria-Geral da União, p. 140.

BRASIL. (2014) Conselho de Arquitetura e Urbanismo do Brasil – CAU/BR. Resolução no 75, de 10 de abril de 2014. Dispõe sobre a indicação da responsabilidade técnica referente a projetos, obras e serviços no âmbito da Arquitetura e Urbanismo, em documentos, placas, peças publicitárias e outros elementos de comunicação. Diário Oficial da União, edição no 79, seção 1, Brasília, DF, 28 de abril de 2014.

BRASIL. Conselho de Arquitetura e Urbanismo – CAU/BR. <www.caubr.org.br>.

BRASIL. Conselho Federal de Engenharia e Agronomia – Confea. <http://www.confea.org.br/cgi/cgilua.exe/sys/start.htm?tpl=home>.

BRASIL. Governo do Estado de Mato Grosso.<http://201.49.161.104/editorias/infraestrutura/auditoria-revela-falta-de-projetos-e-ma-qualidade-em-obras-do-vlt/135019>. Acesso em: 17 de maio de 2016.

BRASIL. (1988) Constituição Federal. Constituição: República Federativa do Brasil. Brasília: Serviço Gráfico do Departamento de Polícia Federal, xvi, p. 292.

BRASIL. (1993) Lei 8.666, de 21 de junho de 1993. Regulamenta o art. 37, inciso XXI, da Constituição Federal, institui normas para licitações e contratos da Administração Pública e dá outras providências. Diário Oficial da União – DOU, Brasília, 22 de junho de 1993.

BRASIL. (2000) Lei Complementar 101, de 4 de maio de 2000. Estabelece normas de finanças públicas voltadas para a responsabilidade na gestão fiscal e dá outras providências. Diário Oficial da União – DOU, Brasília, 5 de maio de 2000.

BRASIL. (2002) Lei 10.406, de 10 de janeiro de 2002. Institui o Código Civil. Dário Oficial da União – DOU, Brasília, 11 de janeiro de 2002.

BRASIL. (2010) Decreto 7.203, de 4 de junho de 2010. Dispõe sobre a vedação do nepotismo no âmbito da Administração Pública Federal. Diário Oficial da União – DOU, Brasília, DF, 7 de junho de 2010.

BRASIL. (2010) Lei 12.378, de 31 de dezembro de 2010. Regulamenta o exercício da Arquitetura e Urbanismo; cria o Conselho de Arquitetura e Urbanismo do Brasil

– CAU/BR e os Conselhos de Arquitetura e Urbanismo dos Estados e do Distrito Federal – CAUs; e dá outras providências. Diário Oficial da União, Brasília, DF, 31 de dezembro de 2010.

BRASIL. (2011) Lei 12.462, de 4 de agosto de 2011. Institui o Regime Diferenciado de Contratações Públicas - RDC; altera a Lei 10.683, de 28 de maio de 2003, que dispõe sobre a organização da Presidência da República e dos Ministérios, a legislação da Agência Nacional de Aviação Civil (Anac) e a legislação da Empresa Brasileira de Infraestrutura Aeroportuária (Infraero); cria a Secretaria de Aviação Civil, cargos de Ministro de Estado, cargos em comissão e cargos de Controlador de Tráfego Aéreo; autoriza a contratação de controladores de tráfego aéreo temporários; altera as Leis 11.182, de 27 de setembro de 2005, 5.862, de 12 de dezembro de 1972, 8.399, de 7 de janeiro de 1992, 11.526, de 4 de outubro de 2007, 11.458, de 19 de março de 2007, e 12.350, de 20 de dezembro de 2010, e a Medida Provisória no 2.185-35, de 24 de agosto de 2001; e revoga dispositivos da Lei 9.649, de 27 de maio de 1998. Diário Oficial da União – DOU, Brasília, 5 de agosto de 2011.

BRASIL. (2013) Decreto 7983, de 8 de abril de 2013. Estabelece regras e critérios para elaboração do orçamento de referência de obras e serviços de engenharia, contratados e executados com recursos dos orçamentos da União, e dá outras providências. Diário Oficial da União – DOU, Brasília, 9 de abril de 2013.

BRASIL. (2014) Tribunal de Contas da União – TCU. Obras públicas: recomendações básicas para a contratação e fiscalização de obras públicas. Brasília: TCU/Secretaria-Geral de Controle Externo, p. 100.

BRASIL. (2014) Tribunal de Contas da União – TCU. Orientações para elaboração de planilhas orçamentárias de obras públicas. Brasília: TCU, Coordenação-Geral de Controle Externo de Área de Infraestrutura e da Região Sudeste, p. 145.

BRASIL. (2015) Conselho de Arquitetura e Urbanismo do Brasil. Código de Ética e Disciplina do Conselho de Arquitetura e Urbanismo do Brasil. Disponível em: <http://www.caubr.gov.br/wp-content/uploads/2015/08/Etica_CAUBR_06_2015_WEB.pdf>. Acesso em: 8 de junho de 2018.

BRASIL. (2018) Decreto 9.377, de 17 de maio de 2018. Institui a estratégia nacional de disseminação do Building Information Modelling. Diário Oficial da União – DOU, Brasília, DF, 18 de maio de 2018.

CAMPELO, V.; CAVALCANTE, R.J. (2013) Obras públicas: comentários à jurisprudência do TCU. Belo Horizonte: Fórum, p. 567.

DONATO, V.; LO TURCO, M.; BOCCONCIO, M.M. (2017) BIM-QA/QC in the architectural design process. Architectural, Engineering and Design Management, v. 14, n. 3, p. 239-254.

EISENHARDT, K.M. (1989) Agency theory: an assessment and review. The Academy of Management Review, v. 14, n. 1, p. 57-74.

FERNÁNDEZ-SOLÍS, J.L. (2008) The systemic nature of the construction industry. Architectural, Engineering and Design Management, v. 4, p. 31-46.

FERRAZ, A. (2016) Complexo viário será entregue pela metade. O Estado de São Paulo, metrópole, A24, 1 de maio.

GURBAXANI, V.; WHANG, S. (1991) The impact of Information Systems on Organizations and Markets. Communications of the ACM, p. 59-73.

JENSEN, M.C.; MECKLING, W. (1976) Theory of the firm: managerial behavior, agency costs and ownership structure. Journal of Financial Economics, v. 3, n. 4, p. 305-360.

LEITE, F. (2016) Com obra retomada, custo da Linha 4 deve aumentar em pelo menos 54%. O Estado de São Paulo, metrópole, A14, 25 de abril.

LEITE, F. (2016) Dersa propõe pagar mais que perícia por área no Rodoanel. O Estado de São Paulo, metrópole, A21, 15 de abril.

LOPES, A. de O. (2011) Superfaturamento de obras públicas: estudo das fraudes em licitações e contratos administrativos. São Paulo: Livro Pronto, p. 226.

MATTOS, A.D. (2006) Como preparar orçamentos de obras: dicas para orçamentistas, estudos de caso, exemplos. São Paulo: Pini, p. 281.

MELLO, C.A.B. de. (2007) Curso de Direito Administrativo. São Paulo: Malheiros, p. 505-593.

MOREIRA NETO, D.F.; GARCIA, F.A. (2014) Desastres naturais e as contratações emergenciais. Revista de Direito Administrativo, v. 265, p. 149-178.

MORINISHI, M.T.; GUERRINI, F.M. (2011) Formação de redes de cooperação para o desenvolvimento de *e-market places* verticais. Produção, v. 21, n. 2, p. 355-365.

PENNAFORT, R. (2016) Série de falhas em construções. O Estado de São Paulo, metrópole, 23 de abril de 2016, p. A16.

PEREIRA, R. (2009) Processos paralisam obras por meses, OESP, Economia, 16 de agosto de 2009.

PEREIRA, R. (2009) TCU reprova uma em cada três obras no País, OESP, Economia, 16 de agosto de 2009.

SPENCE, M. (1973) Job market signaling. Quarterly Journal of Economics, v. 87, p. 355-374.

SUCCAR, B. (2009) Building information modeling framework: a research and delivery foundation industry stakeholders. Automation in Construction, v. 18, p. 357-375.

TAVARES. F. (2002) A terra do nunca fica pronto, p. 30-35. Época, 13 de maio de 2013.

VARIAN, H.R. Informação assimétrica. In: Microeconomia: princípios básicos. Rio de Janeiro: Elsevier, p. 716-739.

WIGAND, R.; PICOT, A.; REICHWALD, R. (1997) Information, organization and management: expanding markets and corporate boundaries. New Jersey: Wiley, p. 472.

WON, J.; CHENG, J.C.P. (2017) Identifying potential opportunities of building information modeling for construction and demolition waste management and minimization. Automation in Construction, v. 79, p. 3-18.

Impressão e acabamento